U0336879

总主编 伍 江 副总主编 雷星晖

张志强 夏四清 著

两种环境生物技术的开发及应用：微生物絮凝剂和电导型生物传感器

Development and Application of Two Environmental Biotechnologies: Microbial Flocculant and Conductometric Biosensor

内 容 提 要

环境生物技术可实现环境效益与经济效益、社会效益的统一，对于解决环境污染难题、改善环境质量起到了极其重要的作用。针对环境生物技术领域内的关键材料与技术问题，本书系统地研究了两种环境生物新技术的开发及应用：高效 MBF 和电导型生物传感器(Conductometric Biosensor)。

本书适合环境专业研究人员和工作人员参考使用。

图书在版编目(CIP)数据

两种环境生物技术的开发及应用：微生物絮凝剂和电导型生物传感器 / 张志强，夏四清著. —上海：同济大学出版社，2017.8

(同济博士论丛 / 伍江总主编)

ISBN 978-7-5608-6857-8

Ⅰ. ①两… Ⅱ. ①张…②夏… Ⅲ. ①微生物—絮凝剂—研究②生物传感器—研究 Ⅳ. ①TQ047.1②TP212.3

中国版本图书馆 CIP 数据核字(2017)第 070284 号

两种环境生物技术的开发及应用：
微生物絮凝剂和电导型生物传感器

张志强　夏四清　著

出 品 人　华春荣　　责任编辑　吕　炜　熊磊丽
责任校对　徐春莲　　封面设计　陈益平

出版发行　同济大学出版社　　www.tongjipress.com.cn
　　　　　(地址：上海市四平路 1239 号　邮编：200092　电话：021-65985622)
经　　销　全国各地新华书店
排版制作　南京展望文化发展有限公司
印　　刷　浙江广育爱多印务有限公司
开　　本　787 mm×1092 mm　1/16
印　　张　12.75
字　　数　255 000
版　　次　2017 年 8 月第 1 版　2017 年 8 月第 1 次印刷
书　　号　ISBN 978-7-5608-6857-8

定　　价　61.00 元

“同济博士论丛”编写领导小组

“同济博士论丛”编辑委员会

总 序

在同济大学110周年华诞之际，喜闻"同济博士论丛"将正式出版发行，倍感欣慰。记得在100周年校庆时，我曾以《百年同济，大学对社会的承诺》为题作了演讲，如今看到付梓的"同济博士论丛"，我想这就是大学对社会承诺的一种体现。这110部学术著作不仅包含了同济大学近10年100多位优秀博士研究生的学术科研成果，也展现了同济大学围绕国家战略开展学科建设、发展自我特色，向建设世界一流大学的目标迈出的坚实步伐。

坐落于东海之滨的同济大学，历经110年历史风云，承古续今、汇聚东西，秉持"与祖国同行、以科教济世"的理念，发扬自强不息、追求卓越的精神，在复兴中华的征程中同舟共济、砥砺前行，谱写了一幅幅辉煌壮美的篇章。创校至今，同济大学培养了数十万工作在祖国各条战线上的人才，包括人们常提到的贝时璋、李国豪、裘法祖、吴孟超等一批著名教授。正是这些专家学者培养了一代又一代的博士研究生，薪火相传，将同济大学的科学研究和学科建设一步步推向高峰。

大学有其社会责任，她的社会责任就是融入国家的创新体系之中，成为国家创新战略的实践者。党的十八大以来，以习近平同志为核心的党中央高度重视科技创新，对实施创新驱动发展战略作出一系列重大决策部署。党的十八届五中全会把创新发展作为五大发展理念之首，强调创新是引领发展的第一动力，要求充分发挥科技创新在全面创新中的引领作用。要把创新驱动发展作为国家的优先战略，以科技创新为核心带动全面创新，以体制机制改革激发创新活力，以高效率的创新体系支撑高水平的创新型国家建设。作为人才培养和科技创新的重要平台，大学是国家创新体系的重要组成部分。同济大学理当围绕国家战略目标的实现，作出更大的贡献。

大学的根本任务是培养人才，同济大学走出了一条特色鲜明的道路。无论是本科教育、研究生教育，还是这些年摸索总结出的导师制、人才培养特区，“卓越人才培养”的做法取得了很好的成绩。聚焦创新驱动转型发展战略，同济大学推进科研管理体系改革和重大科研基地平台建设。以贯穿人才培养全过程的一流创新创业教育助力创新驱动发展战略，实现创新创业教育的全覆盖，培养具有一流创新力、组织力和行动力的卓越人才。“同济博士论丛”的出版不仅是对同济大学人才培养成果的集中展示，更将进一步推动同济大学围绕国家战略开展学科建设、发展自我特色、明确大学定位、培养创新人才。

面对新形势、新任务、新挑战，我们必须增强忧患意识，扎根中国大地，朝着建设世界一流大学的目标，深化改革，勠力前行！

万　钢

2017年5月

论丛前言

承古续今，汇聚东西，百年同济秉持“与祖国同行、以科教济世”的理念，注重人才培养、科学研究、社会服务、文化传承创新和国际合作交流，自强不息，追求卓越。特别是近20年来，同济大学坚持把论文写在祖国的大地上，各学科都培养了一大批博士优秀人才，发表了数以千计的学术研究论文。这些论文不但反映了同济大学培养人才能力和学术研究的水平，而且也促进了学科的发展和国家的建设。多年来，我一直希望能有机会将我们同济大学的优秀博士论文集中整理，分类出版，让更多的读者获得分享。值此同济大学110周年校庆之际，在学校的支持下，“同济博士论丛”得以顺利出版。

“同济博士论丛”的出版组织工作启动于2016年9月，计划在同济大学110周年校庆之际出版110部同济大学的优秀博士论文。我们在数千篇博士论文中，聚焦于2005—2016年十多年间的优秀博士学位论文430余篇，经各院系征询，导师和博士积极响应并同意，遴选出近170篇，涵盖了同济的大部分学科：土木工程、城乡规划学(含建筑、风景园林)、海洋科学、交通运输工程、车辆工程、环境科学与工程、数学、材料工程、测绘科学与工程、机械工程、计算机科学与技术、医学、工程管理、哲学等。作为“同济博士论丛”出版工程的开端，在校庆之际首批集中出版110余部，其余也将陆续出版。

博士学位论文是反映博士研究生培养质量的重要方面。同济大学一直将立德树人作为根本任务，把培养高素质人才摆在首位，认真探索全面提高博士研究生质量的有效途径和机制。因此，“同济博士论丛”的出版集中展示同济大学博士研究生培养与科研成果，体现对同济大学学术文化的传承。

“同济博士论丛”作为重要的科研文献资源，系统、全面、具体地反映了同济大学各学科专业前沿领域的科研成果和发展状况。它的出版是扩大传播同济科研成果和学术影响力的重要途径。博士论文的研究对象中不少是“国家自然科学基金”等科研基金资助的项目，具有明确的创新性和学术性，具有极高的学术价值，对我国的经济、文化、社会发展具有一定的理论和实践指导意义。

“同济博士论丛”的出版，将会调动同济广大科研人员的积极性，促进多学科学术交流、加速人才的发掘和人才的成长，有助于提高同济在国内外的竞争力，为实现同济大学扎根中国大地，建设世界一流大学的目标愿景做好基础性工作。

虽然同济已经发展成为一所特色鲜明、具有国际影响力的综合性、研究型大学，但与世界一流大学之间仍然存在着一定差距。“同济博士论丛”所反映的学术水平需要不断提高，同时在很短的时间内编辑出版 110 余部著作，必然存在一些不足之处，恳请广大学者，特别是有关专家提出批评，为提高同济人才培养质量和同济的学科建设提供宝贵意见。

最后感谢研究生院、出版社以及各院系的协作与支持。希望“同济博士论丛”能持续出版，并借助新媒体以电子书、知识库等多种方式呈现，以期成为展现同济学术成果、服务社会的一个可持续的出版品牌。为继续扎根中国大地，培育卓越英才，建设世界一流大学服务。

伍　江

2017 年 5 月

前言

生物技术在环境治理和环境保护中的广泛应用，衍生出一门新学科和新技术，即环境生物技术（Environmental Biotechnologies）。凡是与生物技术结合，对环境进行监控、治理或修复，清洁生产，污染物资源化，以及生物材料和能源开发等，均属于环境生物技术研究和应用的范畴。其重点研究领域包括以生物传感器为代表的环境污染监控技术、工业和生活废水中污染物的微生物降解技术、生态环境生物防治和生物修复技术、环境友好可再生材料和能源的生物合成技术等。环境生物技术可实现环境效益与经济效益、社会效益的统一，对于解决环境污染难题、改善环境质量能起到极其重要的作用。

微生物絮凝剂（Microbial Flocculant，MBF）是由微生物产生的可使液体中不易沉降的固体悬浮颗粒、菌体细胞及胶体颗粒等凝聚沉淀的特殊高分子物质，具有高效、无毒、可生物降解等特点；而生物传感器（Biosensor）是将生物感应元件与能够产生和待测物浓度成比例信号的换能器结合起来的一种分析装置，具有灵敏度高、选择性好、响应快、可微型化等特点。针对环境生物技术领域内的这两个热点问题，本书系统地研究了两种环境生物新技术的开发及应用：高效 MBF 和电导型生物传感器(Conductometric Biosensor)。主要研究内容和结果如下：

(1) 通过用新鲜培养基代替蒸馏水来做空白实验，提高了絮凝剂产生菌的筛选标准；从上海市多个污水处理厂的混合活性污泥中筛选出一株能产生高效 MBF 的菌株 TJ－1，所产 MBF 命名为 TJ－F1；常规菌种鉴定结果和 16S rDNA 测序结果均表明 TJ－1 为奇异变形杆菌(*Proteus mirabilis*)，这是首次发现奇异变形杆菌能产生 MBF。

(2) 系统地研究了碳源、氮源、碳氮比和金属盐等对 TJ－1 产生 MBF 的影响，对培养基组成进行了优化；综合考察了培养时间、培养基初始 pH 值、培养温度、通气量和接种量等因素对 TJ－1 产生 MBF 的影响，对 TJ－1 产生 MBF 的培养条件进行了优化；TJ－1 在优化培养环境中所产 MBF 的絮凝活性高达 93%。

(3) 通过有机溶剂提纯法，从 1 L 发酵液中提取出 1.33 g 纯化的固态 TJ－F1。采用紫外扫描、傅立叶红外扫描、扫描电镜、总有机碳分析、化学成分分析和凝胶色谱等诸多手段对 TJ－F1 进行表征，分析其化学成分和结构，结果表明：纯化的 TJ－F1 呈线性晶态结构，由多糖(63.1%)和蛋白质(30.9%)等组成，含有 O—H，N—H，氢键和—COOH等功能基团，分子量为 1.2×10^5 Da，属于天然有机高分子物质。

(4) 从 Zeta 电位变化角度，研究了影响 TJ－F1 絮凝效果的各种因素，分析了 TJ－F1 的絮凝机理：TJ－F1 能够通过范德华力对颗粒物进行吸附；在碱性条件下有更多的吸附点，增强吸附架桥能力；$CaCl_2$ 是能够有效降低 TJ－F1 絮凝体系的电负性，是 TJ－F1 发挥良好絮凝性能的助凝剂；在 TJ－F1 絮凝过程中，有沉淀网捕作用，提升了 TJ－F1 的絮凝性能。

(5) TJ－F1 可有效改善污泥的沉降性能和过滤性能。沉降性能实验结果表明，沉降时间相同时，在研究的MBF投加量范围内，污泥沉降速度与MBF用量成正比；过滤性能实验结果表明，在最佳脱水条件下，污泥过滤5 min后脱水率可达82%；污泥脱水对照实验表明，MBF比聚丙烯酰胺（polyacrylamide, PAM）或聚合氯化铝（poly aluminum chloride, PAC）的脱水效果要好；MBF和PAM或PAC的复配使用，不仅能增强絮凝效果，还能减少PAM或PAC的用量，减少二次污染，具有重要的应用价值。

(6) TJ－F1对染料有很强的吸附能力，这对于染料废水脱色和染料的回收利用均有重要意义。TJ－F1能够有效地从溶液中吸附阳离子艳蓝RL，实现废水脱色；TJ－F1对阳离子艳蓝RL的吸附动力学可用伪二级动力学方程拟合；TJ－F1对阳离子艳蓝RL的吸附为放热反应，等温吸附线符合Langmuir和Freundlich等温吸附模型；TJ－F1对阳离子艳蓝RL的良好吸附效果主要是通过其中含有的大量O—H、—COOH和氢键等功能基团与染料结合来实现的。

(7) 为降低TJ－F1的生产成本，研究了适于TJ－1生长的廉价替代培养基。实验表明，奶糖废水和豆浆废水可以共同作为TJ－1产生MBF的碳氮源，最佳配比为4∶1，所产生MBF的絮凝活性为82.45%，在节省这两种废水处理费用的同时，实现了它们的资源化利用；此外，生产成本的降低对于MBF未来的工业化生产和市场化应用也具有积极意义。

(8) 利用从埃希氏大肠杆菌细胞中提取的麦芽糖磷酸化酶，研制出了单酶电导型磷酸盐生物传感器。根据传感器在室温下工作的标准曲线，它对磷酸盐浓度检测有两个线性范围，分别为1.0～20 μM和20～400 μM，检测限为1.0 μM。水中常见阴离子不会对电导型磷酸盐生物传感器的检测结果形成明显干扰；该电导型磷酸盐生物传感器在20～

50℃均能工作，有较好的温度稳定性；在保藏2个月后，仍有70%的响应，保藏稳定性好；对实际水样的分析结果表明，电导型磷酸盐生物传感器可用于较清洁的地表水体中磷酸盐的分析，对于地表水体富营养化的监控有实际意义。

(9) 利用从硫酸盐还原细菌细胞中提取的细胞色素 c 亚硝酸盐还原酶，研制出了电导型亚硝酸盐生物传感器。传感器的线性响应范围为0.2～120 μM，灵敏度为0.194 μS/μM [NO_2^-]，检测限为0.05 μM。不同传感器间的标准偏差在6%以内。电导型亚硝酸盐生物传感器在20～35℃均能工作；保藏后第1周内，它能保持较高的响应和稳定性，然后随着测定次数的增加和保藏时间的延长，性能逐渐下降，3周后，其仍保有约50%的响应；若在保藏过程中减少传感器使用次数在5次之内，1个月后，其仍能保留近75%的响应；对实际水样的分析结果表明，电导型亚硝酸盐生物传感器可用于较清洁的地表水体中亚硝酸盐的分析，对于地表水体富营养化的监控有实际意义。

目 录

总序

论丛前言

前言

第1章 绪言 …… 1

1.1 研究背景 …… 1

1.1.1 我国地表水环境形势 …… 1

1.1.2 问题的提出及研究意义 …… 3

1.2 两种环境生物技术的研究概况 …… 6

1.2.1 MBF的研究概况 …… 6

1.2.2 生物传感器的研究概况 …… 20

1.3 研究思路和内容 …… 27

1.3.1 高效MBF …… 27

1.3.2 电导型生物传感器 …… 29

1.4 研究创新点 …… 30

第一部分　高效 MBF 的开发及应用研究

第 2 章　高效 MBF 产生菌的筛选与鉴定 …… 35

2.1　本章引言 …… 35

2.1.1　MBF 产生菌的分离与筛选 …… 35

2.1.2　菌种鉴定 …… 35

2.2　材料与方法 …… 36

2.2.1　主要试验材料 …… 36

2.2.2　菌种富集 …… 37

2.2.3　菌株的分离纯化 …… 37

2.2.4　菌株的浅层发酵培养 …… 38

2.2.5　MBF 产生菌的筛选 …… 38

2.2.6　菌种常规鉴定 …… 39

2.2.7　菌种 16S rDNA 测序鉴定 …… 39

2.3　结果与讨论 …… 40

2.3.1　初筛结果 …… 40

2.3.2　复筛结果 …… 45

2.3.3　产 MBF 稳定性试验 …… 47

2.3.4　菌种鉴定结果 …… 49

2.4　本章小结 …… 51

第 3 章　TJ－1 产 MBF 的影响因素研究 …… 52

3.1　本章引言 …… 52

3.2　材料与方法 …… 52

3.2.1　主要试验材料 …… 52

3.2.2　TJ－1 产 MBF 的影响因素试验 …… 53

3.3　结果与讨论 …… 53

3.3.1 TJ－1的生长曲线 …… 53
3.3.2 培养基初始pH对TJ－1产MBF的影响 …… 55
3.3.3 碳源对TJ－1产MBF的影响 …… 55
3.3.4 氮源对TJ－1产MBF的影响 …… 57
3.3.5 碳氮比对TJ－1产MBF的影响 …… 58
3.3.6 金属离子对TJ－1产MBF的影响 …… 59
3.3.7 培养温度对TJ－1产MBF的影响 …… 60
3.3.8 通气量对TJ－1产MBF的影响 …… 61
3.3.9 接种量对TJ－1产MBF的影响 …… 62
3.4 本章小结 …… 63

第4章 TJ－F1的提纯、表征及絮凝机理研究 …… 64
4.1 本章引言 …… 64
4.2 材料与方法 …… 65
4.2.1 主要试验材料 …… 65
4.2.2 TJ－F1的提纯 …… 66
4.2.3 TJ－F1的表征 …… 66
4.2.4 絮凝实验 …… 67
4.3 结果与讨论 …… 67
4.3.1 TJ－F1的提纯 …… 67
4.3.2 TJ－F1的表征 …… 67
4.3.3 Zeta电位分析 …… 69
4.3.4 pH对TJ－F1絮凝效果的影响 …… 70
4.3.5 $CaCl_2$对TJ－F1絮凝效果的影响 …… 71
4.3.6 TJ－F1的用量对絮凝效果的影响 …… 72
4.3.7 扫描电镜分析 …… 73
4.4 本章小结 …… 74

第 5 章　TJ－F1 应用于污泥脱水的研究 …… 75
5.1　本章引言 …… 75
5.2　材料与方法 …… 76
5.2.1　主要试验材料 …… 76
5.2.2　污泥沉降试验 …… 76
5.2.3　污泥浓缩试验 …… 77
5.3　结果与讨论 …… 77
5.3.1　TJ－F1 对污泥沉降性能改善 …… 77
5.3.2　絮凝剂种类对污泥过滤性能的影响 …… 79
5.3.3　pH 对污泥过滤性能的影响 …… 80
5.3.4　$CaCl_2$ 用量对污泥过滤性能的影响 …… 81
5.3.5　TJ－F1 用量对污泥过滤性能的影响 …… 82
5.3.6　污泥脱水正交试验 …… 83
5.3.7　污泥脱水动力学 …… 84
5.3.8　TJ－F1 与 PAM、PAC 的复配使用 …… 85
5.4　本章小结 …… 86

第 6 章　TJ－F1 应用于染料吸附的研究 …… 88
6.1　本章引言 …… 88
6.2　试验材料与方法 …… 89
6.2.1　主要试验材料 …… 89
6.2.2　染料吸附试验 …… 90
6.3　结果与讨论 …… 91
6.3.1　染料全波长扫描 …… 91
6.3.2　pH 对 TJ－F1 吸附染料的影响 …… 92
6.3.3　吸附动力学研究 …… 93
6.3.4　温度的影响 …… 94
6.3.5　吸附机理研究 …… 96
6.4　本章小结 …… 98

第 7 章 TJ-1 产 MBF 的替代培养基研究 …… 100
7.1 本章引言 …… 100
7.2 材料与方法 …… 101
7.2.1 主要试验材料 …… 101
7.2.2 试验内容 …… 102
7.3 结果与讨论 …… 102
7.3.1 替代培养基 …… 102
7.3.2 复合替代培养基 …… 103
7.3.3 综合效益分析 …… 105
7.4 本章小结 …… 106

第二部分 电导型生物传感器的开发及特性研究

第 8 章 电导型磷酸盐生物传感器的研制及特性 …… 111
8.1 本章引言 …… 111
8.2 材料与方法 …… 113
8.2.1 主要试验材料 …… 113
8.2.2 主要试验仪器及设备 …… 114
8.2.3 酶的固定 …… 114
8.2.4 生物传感器的测量操作 …… 114
8.3 结果与讨论 …… 116
8.3.1 MP 复合膜的优化 …… 116
8.3.2 试验变量的影响 …… 118
8.3.3 工作曲线 …… 120
8.3.4 稳定性分析 …… 120
8.3.5 离子干扰 …… 122
8.3.6 应用实例 …… 122
8.4 本章小结 …… 123

第 9 章　电导型亚硝酸盐生物传感器的研制及特性 …………………… 125
9.1　本章引言 …………………………………………………………… 125
9.2　材料与方法 ………………………………………………………… 129
9.2.1　主要试验材料 ……………………………………………… 129
9.2.2　主要试验仪器及设备 ……………………………………… 130
9.2.3　酶的固定 …………………………………………………… 131
9.2.4　生物传感器的测量操作 …………………………………… 131
9.3　结果与讨论 ………………………………………………………… 132
9.3.1　复合酶膜的优化 …………………………………………… 132
9.3.2　试验变量的影响 …………………………………………… 137
9.3.3　工作曲线 …………………………………………………… 139
9.3.4　稳定性分析 ………………………………………………… 140
9.3.5　离子干扰 …………………………………………………… 141
9.3.6　应用实例 …………………………………………………… 142
9.4　本章小结 …………………………………………………………… 143

第 10 章　结论与建议 ……………………………………………………… 144
10.1　结论 ………………………………………………………………… 144
10.2　建议 ………………………………………………………………… 146

参考文献 …………………………………………………………………… 148

附录 A　试验中用到的培养基 ……………………………………………… 174
附录 B　菌种生理生化特征试验 …………………………………………… 176
附录 C　TJ－1 的 16S rDNA 测序结果 …………………………………… 180

后记 ………………………………………………………………………… 182

第1章 绪言

1.1 研究背景

1.1.1 我国地表水环境形势

随着我国经济社会的快速发展，水环境污染问题也日益凸显。2007年，太湖、滇池、巢湖的蓝藻爆发事件，这是一个标志——传统的发展模式积累的环境成本已经到了临界点。“水”是矛盾最激化和最早爆发的领域，因为它既是工业化和城市化的命脉，又是人民生存的命脉。“水”将是中国未来相当一个历史时期内环境领域的最重要、最紧迫的主题。

根据《2006年中国环境状况公报》[1]，全国地表水总体水质属中度污染。在国家环境监测网(简称“国控网”)实际监测的745个地表水监测断面中(其中，河流断面593个，湖库点位152个)，Ⅰ—Ⅲ类，Ⅳ、Ⅴ类，劣Ⅴ类水质的断面比例分别为40%、32%和28%。国控网七大水系中除珠江、长江水质良好外，松花江、黄河、淮河为中度污染，辽河、海河为重度污染，主要污染指标为高锰酸盐指数、石油类和氨氮。27个国控重点湖(库)中，满足Ⅱ类水质的湖(库)2个(占7%)，Ⅲ类水质的湖(库)6个(占22%)，Ⅳ类水质的湖(库)1个(占4%)，Ⅴ类水质的湖(库)5个(占19%)，劣Ⅴ类水质的湖（库）13 个（占 48%）；其中，巢湖水质为Ⅴ类，太湖和滇池为劣Ⅴ类；主要污染指标为总氮和总磷。9 个重点国控大型淡水湖泊中：兴凯湖为Ⅱ类水质；洱海为Ⅲ类水质；镜泊湖为Ⅳ类水质；洞庭湖、鄱阳湖为Ⅴ类水质；洪泽湖、南四湖、达赉湖和白洋淀为劣Ⅴ类水质；主要污染指标为总氮和总磷。监测统计的 5 个城市内湖中，昆明湖（北京）为Ⅲ类水质，西湖（杭州）、东湖（武汉）、玄武湖（南京）、大明湖（济南）为劣Ⅴ类水质，主要污染指标是总氮和总磷。水库水质好于湖泊，富营养化程度较轻。监测统计的 10 座大型水库中，石门水库（陕西）为Ⅱ类水质，丹江口水库（湖北）、密云水库（北京）、董铺水库（安徽）、千岛湖（浙江）为Ⅲ类水质，于桥水库（天津）、松花湖（吉林）为Ⅴ类水质，大伙房水库（辽宁）、崂山水库（山东）和门楼水库（山东）为劣Ⅴ类水质，主要污染指标为总氮。

地表水体的污染主要源自工农业废水和生活污水的过度排放。2006 年，全国废水排放总量为 537.0 亿吨，比上年增长 2.4%；化学需氧量排放量为 1 428.2 万吨，比上年增长 1.0%（表 1 - 1）。逐年增加的废水排放量已经超过了地表水体的污染物总环境容量，致使水体自净功能基本丧失。

表 1 - 1　全国近年废水及主要污染物排放量[1]

项　目 / 年　度	废水排放量（亿吨）			COD 排放量（万吨）			氨氮排放量（万吨）		
	合计	工业	生活	合计	工业	生活	合计	工业	生活
2001	432.9	202.6	230.3	1 404.8	607.5	797.3	125.2	41.3	83.9
2002	439.5	207.2	232.3	1 366.9	584.0	782.9	128.8	42.1	86.7
2003	460.0	212.4	247.6	1 333.6	511.9	821.7	129.7	40.4	89.3
2004	482.4	221.1	261.3	1 339.2	509.7	829.5	133.0	42.2	90.8
2005	524.5	243.1	281.4	1 414.2	554.8	859.4	149.8	52.5	97.3
2006	537.0	239.5	297.5	1 428.2			141.3	42.1	99.2

根据《建设部关于全国城市污水处理情况的通报》[2]，2004 年全国 661 座城市有污水处理厂 708 座，处理能力 4 912 万 m^3/d，全年城市污水处理量

162.8亿m^3;全国的1 636个县城有117座污水处理厂,处理能力273万m^3/d,污水处理率只有11.2%。截至2005年6月底,全国还有297个城市没有建成污水处理厂,其中地级以上城市63个;位于重点流域、区域"十五"规划范围内的城市54个。与此同时,一些企业为降低成本,治污设施时开时停,排放大量未达标废水;一些企业甚至根本就没有治污设施,直排废水,行为恶劣,性质严重。比如在山西、内蒙古检查的63家企业中,有15家无治污设施,占被抽查企业的24%。此外,农业养殖等面源污染也进一步加重了水体的水质污染。

针对我国水环境当前面临的严峻形势,2006年8月5日,国务院批复《"十一五"期间全国主要污染物排放总量控制计划》[3],到2010年,全国主要污染物排放总量比2005年减少10%,化学需氧量由1 414万吨减少到1 273万吨;二氧化硫由2 549万吨减少到2 294万吨。各省(自治区、直辖市)化学需氧量和二氧化硫分省(自治区、直辖市)排放总量控制指标均不得突破。2007年3月14日,第十届全国人大四次会议表决通过了《国民经济和社会发展第十一个五年规划纲要》[4],确定"十一五"期间全国主要污染物排放总量减少10%。

1.1.2 问题的提出及研究意义

当前,我国废水处理率总体较低,而废水和水质污染物的排放量却呈逐年上升的态势,造成我国地表水环境形势的日益严峻。因此,我们应当树立和落实科学发展观,站在构建和谐社会的高度,开发出高效率的废水处理新技术、新药剂和地表水环境监控新技术等,加强对地表水环境质量的监测和评估,加快解决我国面临的水环境污染问题。

目前,主要水处理技术有絮凝沉淀、生物、化学氧化、离子交换、吸附和超滤等。絮凝沉淀法是国内外普遍采用的高效、经济、简便的水处理方法,它能去除废水中80%~95%的悬浮物、65%~95%的胶体物质和大部分细菌，有效降低 COD，提高废水的可生化性[5]。絮凝过程作为众多水处理工艺流程中不可缺少的前置关键环节，其效果的好坏往往决定着后续工艺流程的运行状况、出水质量和成本费用，因此它始终是水处理工程中研究开发的重点[6]。絮凝剂是絮凝沉淀法的核心，它是一类可使液体中不易沉降的悬浮颗粒凝聚沉淀的物质，广泛应用于工业水处理、生活污水处理以及食品生产和发酵工业等[7,8]。絮凝剂一般可分为三类：① 无机絮凝剂，如氯化铝、硫酸亚铁、明矾和聚合氯化铝等；② 人工合成有机高分子絮凝剂，如聚丙烯酰胺衍生物、聚乙烯亚胺、聚氧化乙烯和聚苯乙烯磺酸盐等；③ 天然有机高分子絮凝剂，如纤维素、淀粉、壳聚糖和微生物絮凝剂等[9]。许多无机絮凝剂由于其良好絮凝效果和较低成本而被广泛应用，然而人们已经发现它们在使用过程中存在着较大的不安全性和潜在的二次污染问题[10]。据文献报道[11]，当水中铝含量高于 0.2～0.5 mg/L 时，可致鲑鱼死亡；因铝盐絮凝法产生的污泥广泛应用于农业，导致土壤中铝含量升高，植物出现铝害，不能正常生长，甚至会死亡；同时，铝伴随着这些农作物进入食物链，也影响到人体健康，临床上铝中毒主要有铝性脑病、铝性骨病和铝性贫血等，老年性痴呆症即是铝性脑病的一种。铁盐对金属有腐蚀作用，并造成被处理水中带有颜色，且高浓度的铁对人体健康和生态环境亦有不利影响[11]。人工合成有机高分子絮凝剂中使用较多的聚丙烯酰胺，因其单体具有强烈的神经毒性和致癌性，使用也受到了限制[12,13]。此外，大部分天然有机高分子絮凝剂存在絮凝活性较弱和使用成本较高等缺点[14-16]。因此，开发一种安全、高效、无二次污染、低成本的新型絮凝剂，对改进絮凝沉淀法工艺和絮凝剂产品的生产、保护人类健康和环境安全都具有重要意义。

与此同时，我国许多地表水体均呈现出不同程度的富营养化，而引起富营养化的主要营养元素为氮和磷，因此有必要对它们在水体中的浓度进行快速、准确的分析，以便及时、全面地了解地表水环境质量现状，把握其发展趋势，为环境管理、污染源控制、环境规划和环境评价等提供科学依据。传统氮、磷的分析方法所需试剂繁多，操作复杂，分析速度慢，所需仪器昂贵，且不适宜进行现场快速监测和连续在线分析[17]。随着水体富营养化问题的日益严重，发展和建立连续、在线、快速的现场监测体系尤其重要。

环境生物技术(Environmental Biotechnologies)是近30年发展起来的一门新型交叉学科，凡是与生物技术结合，对环境进行监控、治理或修复，清洁生产、污染物资源化以及生物材料和能源开发等，均属于环境生物技术研究和应用的范畴[18]。其重点研究领域包括以生物传感器为代表的环境污染监控技术，工业和生活废水中污染物的微生物降解技术，生态环境生物防治和生物修复技术，环境友好可再生材料和能源的生物合成技术等[18]。环境生物技术可实现环境效益与经济效益、社会效益的统一，对于解决环境污染难题、改善环境质量起到极其重要的作用[19]。

20世纪70年代中期，伴随着生物技术的发展，微生物絮凝剂应运而生[20]。微生物絮凝剂(Microbial Flocculant, MBF)是由微生物产生的可使液体中不易沉降的固体悬浮颗粒、菌体细胞及胶体颗粒等凝聚沉淀的特殊高分子物质[10]。MBF是通过微生物发酵、分离提取而得到的新型、高效、无毒、可生物降解的水处理剂，正是能够满足对新型絮凝剂要求的绿色水处理剂，具有广阔的开发与应用前景[10]。

生物传感器(Biosensor)是将分子识别生物元件(Bioelement)与能够产生和目标物浓度成比例信号的换能器(Transducer)结合起来的一种分析装置，是一类特殊的化学传感器[21-28]。它以对目标物具有高度选择性的生物材料，如酶、细胞、抗体等，作为分子识别生物元件，通过换能器捕捉目标物与生物元件之间各种物理或化学的特异性反应，并将其转变为电、光、热、声等易检测信号，从而测出目标物的浓度[29-44]。与传统的分析方法相比，生物传感器这种新的检测手段具有如下优点：① 生物传感器是由选择性好的生物材料构成的分子识别生物元件，因此一般不需要样品的预处理，样品中的被测组分的分离和检测同时完成，且测定时一般不需加入其他试剂；② 由于它的体积小，可以实现连续在线监测；③ 响应快，样品用量少，且由于生物材料是固定化的可以反复多次使用；④ 传感器连同测定仪的成本远低于传统的分析仪器，便于推广普及[45]。因此，研制可用于监测水体中氮、磷浓度的生物传感器，既可对水体富营养化现状和变化趋势进行快速评估，又可为水体富营养化的预警和治理等提供科学指导，研究极具创新性和实用价值。

1.2　两种环境生物技术的研究概况

1.2.1　MBF 的研究概况

1. MBF 的研究进展

1876 年，微生物学的奠基人之一、法国微生物学家、化学家——路易·巴斯德（Louis Pasteur）[10]最早发现了酵母菌（*Levure casseeuse*）的“絮凝作用”。这种“絮凝作用”是指细胞的聚集现象。当时，该种“絮凝”主要用于从培养液中分离出微生物。后来的研究发现：用絮凝化酵母代替非絮凝化酵母，可获得较好质量的啤酒。

1935 年，美国的 Butterfield[46]从活性污泥中分离出第一株絮凝剂产生菌 *Zooglea ramigera*，它产生的絮体与活性污泥相似，能够在 3 h 的曝气时间内去除污水中 41%～84%的可氧化物质。之后，更多的科学家开始研究这种胞外絮凝物质，Mckinney[47]于 1956 年发现了胞外聚合物絮凝剂与细胞集合的关系。1971 年，Zajic 和 Knetting[48]从煤油中分离出一株棒状杆菌（*Corynebacterium hydrocarbonacalastus*），该菌可产生对泥水有絮凝作用的多聚物。

1976 年，Nakamura[20, 49]等对能产生絮凝效果的微生物进行了研究。他们从霉菌、细菌、放线菌、酵母菌等 214 种菌株中筛选出 19 种具有絮凝能力的微生物，其中霉菌8种，细菌5种，放线菌5种，酵母菌1种，且发现以酱油曲霉（*Aspergillus sojae* AJ7002）产生的絮凝剂对面包酵母絮凝效果最好。

1984年，Fattom和Shilo[50]首次报道了藻类也具有产絮凝剂功能。他们发现深海丝状藻青菌 *Phormidium* J-1在生长静止期会向外释放一种高分子聚合物，它在等电点（pH3.5）以上时带负电，对斑脱土悬浊液有良好的絮凝效果。在培养基中减少Ca^{2+}或添加EDTA会促进絮凝剂产率的提高。该絮凝剂在絮凝过程中必须添加一定浓度的二价阳离子。在此基础上，Levy[51]等进一步研究发现Ca^{2+}对的絮凝效果有明显的促进作用，增加Ca^{2+}浓度不仅可降低絮凝剂的投加量，还可提高絮凝效果。1992年，Levy[52]等研究了藻青菌 *Anabaenopsis circularis* PCC6720产生的絮凝剂，再次证实了Ca^{2+}对MBF的助凝作用。通过研究絮凝过程中的吸附等温线和Zeta电位，他们首次提出MBF的主要絮凝机理是吸附架桥作用。Ca^{2+}通过中和斑脱土和絮凝剂的电负性，提高絮凝剂对斑脱土颗粒的吸附量。

1985年，Takagi[53,54]等研究了拟青霉属（*Paecilomyces* sp. I-1）产生的絮凝剂PF101。这种MBF的分子量约为30万Da，主要成分是半乳糖胺。PF101对枯草杆菌、大肠杆菌、啤酒酵母、红血细胞、活性污泥，纤维素粉、羧甲基纤维素、活性炭、硅藻土、氧化铝等均有良好的絮凝效果[23,24]。

1986年，日本茨城发酵研究所的Kurane[55]等研究活性污泥法处理酞酚酯废水时发现了红平红球菌（*Rhodococcus erythropolis*），该菌在日本旱田土壤中很常见。当废水和活性污泥中存在红平红球菌时，不但去除酞酚酯的效率高，而且处理液透明，污泥沉降性良好。他们利用该菌研制出的絮凝剂NOC-1，用于畜产废水处理、膨胀污泥的沉降、瓦厂废水处理、纸浆废水（黑液）及颜料废水等有色废水的脱色时效果显著[56]。1991年，Kurane[57]将 *Alcaligenes latus* 产生的絮凝剂成功应用于乳化液处理。1994年，Kurane[58]又报道了乙醇可以作为红平红球菌（*Rhodococcus erythropolis* S-1)的碳源，所产生的絮凝剂主要成分为醣酯，对酸性和碱性的悬土浊液有广泛的絮凝效果。同年，他还发表了关于混合菌群产絮凝剂的论文[59]，指出由 *Oerskovia*、*Acinetobacter*、*Agrobacterium* 和 *Enterobacter* 组成混合菌群 R-3 可在以淀粉和葡萄糖(1：1)为碳源的培养基中生长并产生絮凝剂 APR-3，此絮凝剂可通过乙醇和十六烷基氯化吡啶(Cetylpyridinium Chloride Monohydrate，CPC)多次沉淀纯化，分子量约为 2×10^6 Da，主要成分为酸性多糖，其中葡萄糖、半乳糖、琥珀酸和丙酮酸的摩尔比为 5.6：1.0：0.6：2.5。

1991 年，Kurane 的同事 Toedak[60] 发现产碱菌(*Alcaligenes cupidus* KT201)所产絮凝剂 Al-201 在没有阳离子的情况下也有一定的絮凝能力，不过在加入二价或三价阳离子如 Ca^{2+}、Al^{3+} 后絮凝性能显著提高。Al-201 的分子量超过 2×10^6 Da，主要糖成分为葡萄糖、半乳糖和葡萄糖醛酸(摩尔比为 6.34：5.55：1.0)，还含有 10.3%的乙酰基(以乙酸计算)。1992 年，Kurane 的学生 Takeda[61] 发现了能产生絮凝剂的诺卡氏菌(*Nocardia amarae*)，并研究了絮凝剂浓度、缓冲液浓度和金属离子等因素对其絮凝效果的影响。

1995 年，韩国的科研人员开始关注 MBF。Lee 等[62] 发现了 *Arcuadendron* sp. TS-49 所产生的絮凝剂在 pH3.0 时絮凝效果最佳，并且金属离子如 $FeCl_3$、$FeSO_4$ 能增强其絮凝性能。该絮凝剂能有效絮凝各种菌体细胞、有机或无机材料。定性成分分析试验表明，它可能含有氨基己糖、糖醛酸、中性糖和蛋白质。

1999 年，泰国的 Dermlim 等[63] 发表了克雷伯氏菌属(*Klebsiella* sp.)产絮凝剂的报道。该菌株是从泰国南部一家海水处理厂的活性污泥中筛选到的。研究发现菌体的最高产率、絮凝剂的最高产率和絮凝剂的最大活性出现在不同的培养时间。

2000 年，爱尔兰科学家 Salehizadeh 等[64] 使用蛋白水解酶从活性污泥中分离出一株絮凝剂产生菌 *Bacillus* sp. As-101。它产生的絮凝剂 As-101 主要成分为酸性多糖，在 pH3.7 时絮凝效果最佳，但受热后絮凝活性会急速下降。2002 年，他们又从土壤中分离出一株絮凝剂产生菌 *Bacillus firmus*，它产生的絮凝剂在 100℃加热 50 min 后仍然有 48%的絮凝活性。

2005 年，韩国的 Son 等[65]发现 *Enterobacter* sp. BL-2 能产生聚合氨基葡萄糖絮凝剂，产率为 1.53 g/L，成分包括氨基葡萄糖、鼠李糖和半乳糖(摩尔比为 86.41∶1.6∶1.0)，与从蟹壳中提取的壳聚糖成分相似。2007 年，根据 UDP-N-乙酰氨基葡萄糖经氨基己糖路径合成聚合氨基葡萄糖的原理，他们将氨基己糖合成路径中的 glmS、glmM 和 glmU 基因成功克隆至 *Enterobacter* sp. BL-2 中，获得基因工程菌，并命名为 *Enterobacter* sp. BL-2S，该菌可在醋酸盐培养基中生长，絮凝剂产率为 1.15 g/L，其中氨基葡萄糖含量提高到了 95%[66]。

法国、美国、日本、韩国、泰国、以色列和爱尔兰等国家都对 MBF 进行了研究，并取得了许多重要成果。不过，现在唯一实现商业化的 MBF 只有 Kurane 等利用红平红球菌制得的絮凝剂 NOC-1，它对悬浮态的有机物和无机物有广泛的絮凝效果，能有效絮凝大肠杆菌、面包酵母、活性污泥、藻类、高岭土、泥浆水、河道沉积物、灰烬和木炭粉等；也能有效去除溶解性染料，如黑墨水、蛋白黑素和纸浆厂黑液等[56]。

我国对 MBF 的研究起步相对较晚，但发展非常迅速。近年来，MBF 已经成为研究热点之一，不过大多都停留在试验室研究阶段，尚未见到有关 MBF 投入生产的报道。

1993 年，中国科学院武汉病毒研究所的王镇和王孔星等[67, 68]最早开始关注 MBF。他们筛选到 83 株絮凝剂产生菌，其中絮凝活性最高的 4 株分属于芽孢杆菌属(*Sporolactobacillus* GC3)、节细菌属(*Arthrobacter* SB6)、假单胞菌属(*Pseudomonas* SB8)和气单胞菌属(*Aeromonas* GC24)。4 株菌在生长过程中均可产生胞外絮凝物质，在最适培养条件下的絮凝剂产量为 0.5～0.9 g/L。纯化后的 4 种絮凝剂中，3 种为核蛋白，1 种为糖蛋白，均为高分子量物质(MW>10^6 Da)，这 4 株菌均不含质粒。12～30 g/L 的絮凝剂在 1 h 内对果汁、血细胞悬液、菌细胞悬液、淀粉液、泥水浆、碳索墨水、染液、血水、屠宰废水等多种液体(悬浊液、胶体、溶液)等供试材料，均有较好的絮凝效果。动物急性毒性试验表明，20～70 倍于使用浓度的絮凝剂对昆明鼠无毒。

孟琴等[69]利用其试验室废弃微生物制备出一种生物絮凝剂，分别以 BSA 溶液、果汁溶液、泥土混浊液为研究对象，其絮凝效果优于作为对照的其他 4 种常用絮凝剂；同时发现此絮凝剂在分离两性物质如蛋白质时可再生重复使用，且絮凝效果变化不大。

台湾屏东科技大学的邓德丰等[70]从废水处理厂的废水中分离出能产生絮凝剂的细菌 C－62。台湾大叶大学的施英隆等[71]对 *Bacillus licheniformis* 产絮凝剂进行了研究。它能利用柠檬酸、谷氨酸和甘油作为碳源。所产生的絮凝剂呈黏稠状，分子量超过 3×10^6 Da，主要成分为聚谷氨酸。

陆茂林等[72]从土壤和污泥中筛选出两株絮凝活性较高的诺卡氏菌，并对其适宜培养基，培养时间和培养液 pH 变化与絮凝活性之间的关系进行了研究。

李智良等[73]采用常规的细菌分离纯化方法从废水、土壤、活性污泥中分离筛选到 6 株絮凝剂产生菌，用其发酵液离心上清液对造纸黑液、皮革废水、偶氮染料废水、硫化染料废水、电镀废水、彩印制板废水、石油化工废水、造币废水及蓝黑水、碳素墨水等进行絮凝试验的结果表明：废水固液分离效果良好，COD 去除率在 55%～98%，悬浮物、色度、浊度去除率均在 90%以上。

庄源益等[74]在天津市区和郊区土壤中分离的多种菌株中筛选出 6 株对水中染料有较好的絮凝脱色作用的菌株，利用其培养液对代表性的活性、酸性、直接、酸性媒介和直接耐晒等染料水溶液进行了探索性的絮凝试验。所筛菌种培养液对直接深棕染料，脱色率可达 90%以上，对直接黑染料生产废水稀释液的脱色率为 60%左右，对其他染料脱色效果不显著。

周集体等[75]从污水处理厂活性污泥中分离筛选到 1 株具有稳定絮凝性状的菌株(经初步鉴定为假单胞菌属 *Paseudomonas* sp. GX4－1)，并对影响该菌的絮凝活性条件进行了初步研究。

邓述波等[76]从土壤中分离筛选得到一株能产生高效微生物絮凝剂的芽孢杆菌 A－9。絮凝试验结果表明，用 MBFA9 处理高岭土悬浮液，效果明显优于其他种类 MBF，且不需添加 Ca^{2+} 及 Al^{3+} 等助凝剂，用量也仅为一般 MBF 用量的 1/100～1/10；处理含泥河水、硫化染料废水、淀粉厂黄浆废水，悬浮物及 COD 的去除率明显高于聚丙烯酰胺等传统的化学絮凝剂。

黄民生等[77]从污水处理厂的回流污泥中分离筛选出 3 株絮凝剂产生菌。该菌株所产培养液可使土壤悬液浊度去除率达 99%以上，使碱性染料废水 COD 去除率为 70%左右，色度去除率为 92%左右。

常玉广等[78]分离出一株具有强絮凝特性的芽孢杆菌(*Bacillus* sp. F2)，其絮凝活性达到 84%，并构建了絮凝基因组文库，从中筛选并获得表达絮凝活性的大肠杆菌阳性克隆子 FC2。絮凝试验测定 FC2 的絮凝活性为 90%，稍高于原絮凝菌 F2，高于受体菌 JM109(6.9%)，说明 FC2 絮凝性状遗传于原絮凝菌 F2。

此外，柴晓利等[79]研究了絮凝剂产生菌——氮单胞菌属(*Azomonas* sp.)的筛选过程；刘紫娟等[80]研究了巨大芽孢杆菌(*Bacillus megaterium*)产 MBF 的特性；何宁等[81]研究了 *Corynebacterium glutamicum* 产生 MBF 的途径；张建法等[82]研究了 *Sorangium Cellulosum* 所产 MBF 的化学组成及影响因素；王琴等[83]研究了复合型 MBF 的絮凝机理和生产工艺；我们也成功利用啤酒废水作为复合菌群产生高效 MBF 的碳源和能源，实现了废水的资源化利用[84]。

从反应器内活性污泥的研究角度，MBF 又常被称作胞外聚合物(Extracellular Polymeric Substance，EPS)。胡勇有等[85]研究了胞外聚合物的产生及其在促进厌氧污泥颗粒化中的作用；蔡伟民等[86]研究了胞外多聚物对污泥絮凝性能、颗粒化及重金属吸附的影响；刘燕等[87]研究了胞外聚合物形成机理及其对反应器性能的影响。这些研究极大地拓展了 MBF 在水处理中应用领域。

2. MBF 的来源

根据来源的不同，MBF 可分为四大类型[88]：

(1) 直接利用微生物细胞的絮凝剂，如某些细菌、霉菌、放线菌和酵母等，它们大量存在于土壤、活性污泥和沉积物中。

(2) 利用微生物细胞壁提取物的絮凝剂，如酵母菌细胞壁的葡聚糖、甘露聚糖、蛋白质和 N-乙酰葡萄糖胺等成分均可作絮凝剂使用；丝状真菌的细胞壁含有一种重要的多糖-几丁质，几丁质经碱水解后产生带正电荷、高效无毒的脱乙酰几丁质，对许多微生物菌体及其他带负电荷的粒子有极强的絮凝能力；目前用作絮凝剂的褐藻酸也是某些褐藻细胞壁的成分。

(3) 利用微生物细胞代谢产物的絮凝剂。这类絮凝剂主要是微生物细胞分泌到细胞外的代谢产物，主要有细菌的荚菌膜和黏液质，除水分外，其余主要成分为多糖及少量的多肽、蛋白质、脂类及其复合物等，其中多糖在某种程度上可作为絮凝剂。

(4) 利用克隆技术所获得的絮凝剂。这类絮凝剂是用基因工程技术和现代分子生物学，把高效絮凝基因转移到便于发酵的菌中，构造高效遗传菌株，克隆絮凝基因能在多种降解中产出有效的絮凝剂。

3. MBF 产生菌

目前国内外所研究的 MBF 产生菌主要通过以下 3 种途径获得[84]：从天然土壤中筛选；从活性污泥或沉积物中筛选；直接购买能产生絮凝剂的纯菌株。

MBF产生菌的种类很多，细菌、放线菌、真菌以及藻类等均可以产生MBF，如表1-2所示[84]。这些已经鉴定的MBF产生菌大量存在于土壤、活性污泥或沉积物中[37]。

表1-2 部分已鉴定的MBF产生菌[84]

微 生 物 种 类	MBF主要成分
细菌(Bacteria)	
Agrobacterium sp.	*
Alcaligenes cupidus	*
Alcaligenes cupidus	酸性聚多糖(Acid Polysaccharide)
Bacillus sp.	*
Corynebacterium brevicale	*
Corynebacterium hydrocarbancalastus	聚多糖，蛋白质(Polysaccharide，Proterin)
Dematium sp.	*
Flavobacterium sp.	蛋白质(Protein)
Lactobacillus fermentum	蛋白质(Protein)
Methylobaceterium sp.	*
Mycobacterium phlei	*
Pseudomanas sp.	黏多糖(Mucopolysaccharide)
Pseudomonas aeruginosa	*
Pseudomonas faecalis	*
Pseudomonas fluorescens	*
Pseudomonas sp.	多糖(Polysaccharide)
Pseudomonas stutzeri	*
Rhodococcus erythropolis	蛋白质(Protein)
放线菌(Antinomyces)	
Nocardia amarae	蛋白质(Protein)

续　表

微　生　物　种　类	MBF 主要成分
Nocardia calcarea	*
Nocardia restricta	*
Nocardia rhodxii	*
Streptomyces vinaceus	*
Streptomyces griseus	*
真菌(Fungi)	
Aspergillus ochraceus	*
Aspergillus parasiticus	*
Aspergillus sojae	蛋白质(Protein)， 有机酸(2-ketogluconicacid)
Circiuella sydowi	*
Eupenicillium crustaceus	*
Geotrichum candidum	*
Hansenula anomala	蛋白质(Protein)
Monascus anka	*
Paecilomyces sp.	多聚糖胺(Poly-hexosamine)
Saccharomyces cerevisiae	多肽(Poly peptide)
Sordaria fimicola	聚半乳糖胺(Galactosamine polysaccharide)
藻类(Algae)	
Anabaenopsis circularis	酸性聚多糖(Acid polysaccharide)
Calothrix dasertica	*
Chlamydomonas mexicana	*
Phorimidium sp.	磺酸异多糖(Sulfated heteropolysaccharide) 脂肪酸(Fat acid)，蛋白质(Protein)

注：表中“*”表示未对该絮凝剂的化学成分进行分析。

由微生物产生的 MBF 有许多种，其中最具代表性的有以下三种：Nakamura 用酱油曲霉(*Aspergillus sojae*)研制出的絮凝剂 AJ7002[20]；

Takagi 用拟青霉属微生物（*Paecilomyces* sp. Ⅰ－1）研制出的絮凝剂 PF101[54]；Kurane 等人利用红平红球菌（*Rhodococcus erythropolis*）研制出的絮凝剂 NOC－1[56]。

4. MBF 的提纯方法

MBF 的化学成分主要是多聚糖和蛋白质以及一些金属离子，因而其提取方法与一般的多聚糖和蛋白质提取方法并无多大的差异。提取方法现有多种，因絮凝剂的具体结构而异，也与最终要求达到的纯度和使用的方式有关，较常用的有下面 3 种[80]。

1）凝胶电泳法

将微生物的培养物过滤，用 6 M 的 HCl 将滤液 pH 值调到 7.0，离心分离沉淀，取沉淀物加 0.5 M 的 NaOH 溶解，离心分离，取沉淀用 1∶1 的氯仿和甲醇混合液提取，之后离心，用 100 mM 盐酸将沉淀溶解，再加 6 M 的 NaOH 溶液调 pH 值至 7.0，离心后用乙酸盐缓冲液（0.01 M，pH4.0）溶解沉淀物。最后用 DEAE 琼脂凝胶柱（A－50）色谱和琼脂糖凝胶柱（G－200）色谱分离提纯，可用获得的纯品进行化学分析[84]。

2）碱提取法

用 NaOH 溶液从活性污泥中提取 MBF 的方法如下：将经驯化的活性污泥静置，用水洗污泥 3 次；加入 NaOH 溶液，慢速搅拌数小时。离心后取上清液，加 60%乙醇，放置在冰箱中 4℃下过夜；离心后去上清液，加 60%乙醇；离心后去上清液，加 90%丙酮，离心后去上清液。加乙醚，离心后去上清液；将沉积物重新溶于少量蒸馏水中，在 2～3 天内透析数次。在 50℃下减压浓缩，并冷冻干燥成粉状，得到精制絮凝剂[84]。

3）溶剂提取法

用丙酮提取可获得 MBF 的粗制剂。将细菌培养物过滤，取滤液，用丙酮以 1∶1 的比例提取，然后离心。取沉淀物用 50%的丙酮洗，之后冷冻干

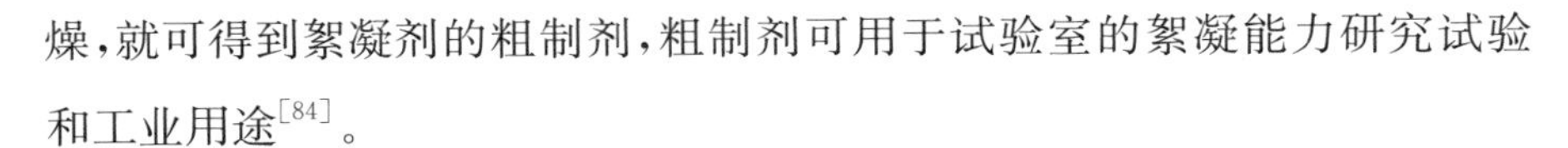

燥，就可得到絮凝剂的粗制剂，粗制剂可用于试验室的絮凝能力研究试验和工业用途[84]。

5. MBF 的化学组成

1）蛋白质　絮凝剂 AJ7002 的主要活性成分是蛋白质和己糖胺[20]；生物絮凝剂 NOC－1 也是一种蛋白质，并且该蛋白质分子中含有较多的疏水氨基酸[89]。

2）多糖　目前已经鉴定的 MBF 有很多种属于多糖类物质。陈欢等[84]人采用离心、萃取、Sepharose 4B 层析等主要步骤得到了 SC06，经分析认为是杂多聚糖，其中葡萄糖、甘露糖、葡萄糖醛酸的比例为 5∶3∶1。*Alcaligenes cupidus* KT201 产生的絮凝剂 AL－201 由葡萄糖、乳糖、葡萄糖醛酸和乙酸组成[60]；絮凝剂 PF101 则是一种黏多糖[53]。

3）脂类　*Rhodococcus erythropolis* S－1 所产生的絮凝剂为脂类，该絮凝剂分子中含有葡萄糖单霉菌酸脂、海藻糖单霉菌酸脂为和海藻糖二霉菌酸脂[90]。

4）糖蛋白　*Arcuadendron* sp. TS－49 产生的絮凝剂主要成分为氨基己糖、糖醛酸、中性糖和蛋白质等[62]；*Bacillus* sp. As－101 产生的 MBF 含有 83%的蛋白质和 17%的酸性多糖[64]。

6. MBF 的优势

1）高效　同等用量下，与现在常用的各类絮凝剂如铁盐、铝盐、聚丙烯酰胺等相比，絮凝剂 AJ7002 对活性污泥的絮凝速率最快，且絮凝沉淀物比较容易用滤布过滤，而用聚丙烯酰胺 400 mg/L 以上的量就会使絮凝沉淀物黏稠而不易过滤[20]。

2）无毒　MBF 是安全无毒的，这已被许多试验所证明。MBFA9 的急性毒理试验结果表明：小白鼠一次性吞食 1 g/kg 的该絮凝剂后，体态、饮食、运行等均无异常反应[76]。给小鼠和豚鼠注射 *Rhodococcus erythropolis* 的细胞及培养液，均未致病[89]。因此，MBF 也可用于食品、医药等行业的发酵后处理。

3）无二次污染　MBF 由于其成分复杂多样，它随菌种的不同而不同。到目前为止，已报道的微生物产生的絮凝物质为糖蛋白、多糖、蛋白质、纤维素、DNA 等高分子物质，相对分子质量多在 10^5 Da 以上。MBF 有良好的絮凝效果，且絮凝后的残渣可被生物降解，对环境无害，不会造成二次污染[91]。

4）絮凝对象广泛　MBF 能絮凝处理的对象较广，有活性污泥、粉煤灰、果汁、饮用水、河底沉积物、细菌、酵母菌以及各种工业废水。而其他絮凝剂由于各自的特点，在某些领域的应用受到了限制[56]。

7. MBF 的应用

MBF 可广泛应用于给水处理、食品加工业、发酵工业以及其他化工工业如采矿业、石油精炼等行业废水处理中。MBF 不仅能絮凝去除废水中 SS，COD，BOD 和色素，还能对乳浊液的油水分离、发酵液中的残余菌体分离以及溶液中金属离子去除有特殊的絮凝净化效果[9,92-94]。

1）发酵工业中培养基内残余菌体的去除　从发酵液中收集或除去菌体细胞和细胞残片是发酵工业后处理中必不可少的工作程序，利用絮凝剂对细胞具有优良的沉降性能来去除发酵液中的菌体可大大减少能耗、降低成本，且操作简单、管理方便。如在酿酒工业中，用有絮凝性能的酵母替代没有絮凝性能的酵母可以酿出质量更好的啤酒；另外，在生物乙醇和面包发酵酵母的生产中也应用了这种絮凝剂。Takagi 等人分离出一株絮凝剂产生菌 *Paecilomyces* sp. I－1，它产生絮凝剂的可去除多种菌体[54]。

2）乳化液的油水分离　用 *Alcaligenes latus* 培养物可以很容易地将棕榈酸从其乳化液中分离出来，向 100 mL 含 0.25％的乳化液中加入 10 mL 的 *Alcaligenes latus* 培养物和 1 mL 聚氨基葡萄糖后，在细小均一的乳化液中即形成明显可见的油滴，这些油滴浮于废水表面，有明显的分层。下层清液的 COD 从原来的 450 mg/L 下降为 235 mg/L，去除率为 48％。无论是无机絮凝剂还是人工合成的高分子絮凝剂都没有这样好的絮凝效果[95]。

3）废水中重金属离子的去除　Bender 等提出，蓝藻菌 *Oscillatoria* sp. 对水中重金属离子如 Mn^{2+}、Pb^{2+}、Cd^{2+}、Cu^{2+}、Zn^{2+}、Co^{2+}、Cr^{3+} 和 Fe^{3+} 的去除有特殊功效。在金属离子总浓度不变的情况下，*Zoogloea* sp. 产生的 MBF 能吸附金属离子总浓度的 34%。当金属离子浓度较高（300～800 mg/L）时，*Zoogloea* 115 能吸收 Fe^{3+}、Co^{2+}、Cu^{2+} 和 Ni^{2+}，其吸附量是 *Zoogloea* 1－16－M 的 2 倍。据报道[84]，*Zoogloea* 115、*P. denitrificans* 和 *Z. filipendula* 对金属离子如 Cu^{2+}、Ni^{2+}、Al^{3+}、Zn^{2+}、Co^{2+}、Cr^{3+}、Cd^{2+} 及 Hg^{2+} 都有不同的吸附作用。

4）废水中悬浮颗粒物的去除　在含有大量极细微悬浮固态颗粒（SS 浓度为 370 mg/L）的焦化废水悬浮液中，加入 2% 的 *Alcaligenes latus* 培养物，并加入钙离子，废水中很快形成肉眼可见的絮体。这些絮体可以被有效地沉降去除，沉降后上清液的 SS 为 80 mg/L，去除率为 78%[95]。而原来曾用聚铁絮凝剂处理同样废液，SS 的去除率仅为 47%。

5）畜产废水处理　畜产废水是一类 BOD 较高的有机废水，采用人工合成高分子絮凝剂处理效果不理想，而采用微生物絮凝剂 NOC－1 处理后，效果十分显著。处理后 10 min 废水的上清液变成几乎透明的液体，废水的 TOC 由处理前的 8 200 mg/L 降为 2 980 mg/L，去除率达 63.7%；浊度去除率达 94.5%[56,84]。

6）污泥沉降性能的改善　活性污泥处理系统的效率常因污泥的沉降性能变差而降低，从微生物中分离出的絮凝剂能有效地改善污泥的沉降性能，并防止污泥解絮，提高整个处理系统的效率。如甘草制药废水生化处理过程中形成的膨胀活性污泥，当在其中添加微生物絮凝剂 NOC－1 后，污泥的 SVI 很快从 290 mL/g 下降到 50 mL/g，消除了污泥膨胀，恢复了活性污泥的沉降能力[56]。

7）污泥脱水　用 2 mg/L 的 *Rhodococcus erythropolis* 培养液和

5 mg/L 的 1% $CaCl_2$ 溶液处理 95 mg/L 浓缩后的污泥，可使污泥体积在 20 min 内浓缩为原来的 92%，上清液的澄清度（OD_{660}）小于 0.05[56]。

8）废水脱色　目前常用的絮凝剂难以去除废水中的有色物质，而用 *Alcaligenes latus* 的培养物处理某造纸厂有色废水时（80 mL 废水中加入 2 mL 的 *Alcaligenes latus* 培养物和 1.5 mL 的 1%聚氨基葡萄糖），即可在废水中形成肉眼可见的絮体，浮于水面，脱色率为 94.6%，下层清水的透光率几乎与自来水相近[95]。使用当前的人工合成絮凝剂来去除印染废水、制浆废水以及造纸废水中的色素效果不佳。因为本身的特性和其他一些优点，MBF 成为一种可供选择的很有潜力的絮凝剂。Kurane 和 Nohata 发现，处理造纸厂排出的废液，用 *Alcaligenes latus* 和壳聚糖 A 混合处理，脱色率达 94%，比单独使用壳聚糖效率提高了 41%[95]。

8. MBF 的研究动向

MBF 是一种生物增强技术，在产品质量和产量上都有很大的发展潜力。与人工合成絮凝剂不同，MBF 具有安全、无毒、无二次污染等诸多优势，属于 21 世纪的“绿色环保”产品。目前国内对 MBF 的研究，大多处在菌种筛选和菌株培养液对废水处理的试验室小试阶段。要使 MBF 在我国真正地应用于水处理，还需要做大量的、进一步的试验和研究。鉴于目前的研究状况，MBF 的研究工作将继续以深入探讨絮凝剂的组分及分子结构、剖析絮凝剂的产生和絮凝机理为基础，其未来发展趋势主要体现在以下几个方面：

（1）分离和筛选出针对不同废水具有高絮凝活性的絮凝剂产生菌，既能明显提高絮凝效果，还可降低絮凝剂的投加量，从而提高处理效率、节约处理成本。

（2）新型高效絮凝剂产生菌的选育和发酵条件的优化研究。其目的是降低生产成本。发酵条件的优化可以体现在降低培养基配制成本和提高培养效果上。

（3）深入研究MBF的絮凝机理，探讨不同絮凝剂成分及结构对不同水质废水的絮凝作用原理，归纳总结出其共性与特性，为实现MBF的工业化应用作好必要的技术准备。

（4）利用现代分子生物技术，分析出控制絮凝剂产生的基因，建立产生MBF的基因库，并利用基因控制技术，将其导入容易获取的微生物的细胞内，使其大量表达，以满足人们对MBF量的需求；通过遗传基因调控手段，进行定向选育，构建降解能力强的超级工程菌株，实现同时降解污染物和产生絮凝剂的功能。

（5）研究与开发出同MBF处理废水相配套的高效反应器，优化工艺条件，降低投资和运行成本，提高处理效率。

（6）研究MBF与其他絮凝剂的配合使用，使它们优势互补，从而提高絮凝效率和降低投药量。

1.2.2 生物传感器的研究概况

1. 生物传感器的研究进展

生物传感器的研究始于20世纪60年代。1962年，克拉克等[96]报道了用葡萄糖氧化酶与氧电极组合检测葡萄糖的结果，可认为是最早提出了生物传感器（酶传感器）的原理。1967年，Updike等[97]实现了酶的固定化技术，研制成功酶电极，这被认为是世界上第1个生物传感器。此后，酶电极的研究相当活跃，而生物传感器技术的真正成功，还是20世纪70年代中期以后的事情。这一时期对生物传感器研究主要集中在对生物活性物质的探索、活性物质的固定化技术和生物—电信息的转换，并获得了较快的进展。1975年，Divies[98]首先提出用固定化细胞与氧电极配合，组成能够进行醇类检测的所谓“微生物电极”。1977年，铃木周一等[99]发表了关于对生化需氧量（BOD）进行快速测定的微生物传感器的报告，从而正式提出了对生物传感器的命名。在20世纪80年代早期，生物传感器被看作是生物技术和微电子学的完美结合，与合适的换能器结合后可以成为一种强有力的分析技术[100]。与化学传感器相比，生物材料决定了生物传感器的高度特异性[100]。20 世纪 80 年代中期，生物传感器真正应用领域还比较窄，主要用于葡萄糖等检测[101]。20 世纪 90 年代，开始有大量关于生物传感器应用于检测除草剂、杀虫剂等的报道[44]。进入 21 世纪后，生物传感器在环境监测中的应用逐渐成为研究的热点。Lei 等[35]报道了一种杂交生物传感器，它将 *p*-硝基苯先用纯有机磷水解酶（OPH 值）进行水解，后用 *Arthrobacter* sp. JS443 氧化，可直接、高效、灵敏和快速定量地检测含 *p*-硝基苯取代基的有机磷农药[6]。Okochi 等[102]研制了一种包含固定的铁氧化剂硫杆菌（*Thiobacillus ferrooxidans*）和氧电极的在线生物传感器，并将其应用于水样中的 KCN、Na_2S 和 NaN_3 等急毒性物质的自动监测。V. Radhika 等[103]利用 *Saccharomyces cerevisiae* 构建出可检测金属有毒物质的工程酵母菌，利用该菌研制出的生物传感器可监测溶解性有毒重金属。现在，生物传感器的研究、开发和应用已经成为国际热点课题，并拓展到医疗、药品、环境、食品、毒品、安全和防疫等众多领域中[25,28,40,101,104-124]。

2. 生物传感器的构成

一个典型的生物传感器应当由分子识别生物元件（接受器）和信号转换部件（换能器）组合构成，如图 1-1 所示。

3. 换能器的种类

换能器的功能是将物理或化学特异性反应转变为可测量的电信号，常用的有以下几种类型[125]：① 各种电极，如：氧电极、氨电极、二氧化碳电极、pH 电极等，可将化学变化转化为电信号；② 热敏电阻，可根据固定的酶体系中酶与底物的反应探测出其热量变化并将之转换成电信号；③ 光子计数器，可利用光的吸收及反应体系的发光、荧光效应，用光电倍增管作为换能器，将光效应转变为电信号；④ 半导体，利用离子敏感性场效应晶体管（ion-sensitive field effect transistor, ISFET）将离子浓度的变化转换成电信号。

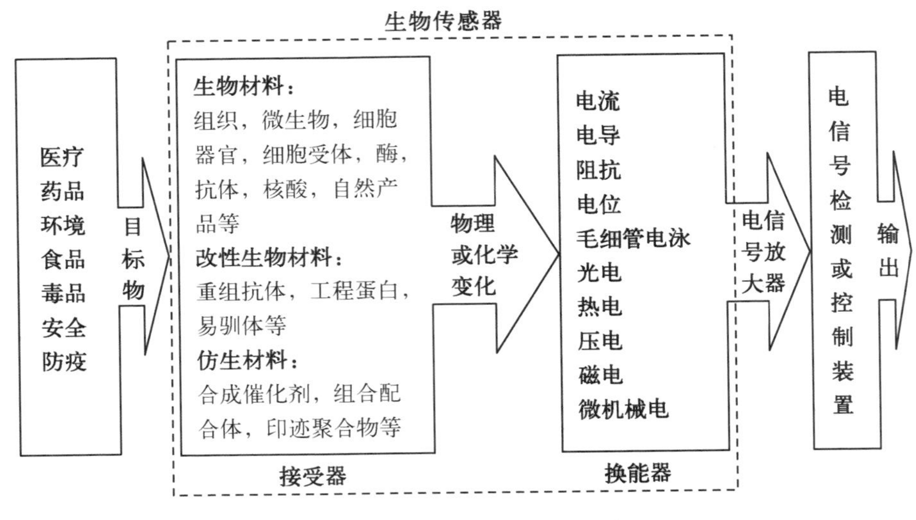

图 1－1　生物传感器的构成及工作原理

4. 生物元件的固定化方法

生物传感器的接受器是具有分子识别功能的生物元件，需经固定在换能器上后才能将反应信号输出[22,26,113,114,126,127]。不同种类的生物元件固定方法也有所不同。例如，组织固定化：小肠黏膜组织膜固定化方法；微生物固定化：凝胶包埋法、琼脂固定法、膜过滤器吸附固定法；酶固定化：主要有物理吸附法、离子结合法、共价结合法、凝胶网络包埋法；抗体固定化：纤维素抗体膜固定法[125]。

5. 生物传感器的分类

生物传感器是传感器中类别较多、内容较广泛的一大类传感器，随着科学技术的不断发展，它所包含的内容也将更为丰富。从不同研究角度，生物传感器有不同的分类方式。一般可从以下 3 个角度来进行分类。

1）输出信号方式　目标物与生物元件相互作用产生传感器输出信号的方式有两类[125]。一类是目标物与生物元件上敏感物质具有生物亲和作用，即两者间能特异地相结合，同时引起生物分子的结构和固定介质发生物理变化，例如电荷、厚度、温度、光学性质（颜色或荧光）等变化，这类传感器称为生物亲和型生物传感器；另一类是被测物与生物元件相作用并产生产物，信号换能器将底物的消耗或产物的增加转变为输出信号，这类传感器称为代谢型或催化型生物传感器。

2）生物元件类型　生物传感器中接受器所用的分子识别生物元件有酶、微生物、动植物组织、细胞器、抗原和抗体等。因此根据所用生物元件的不同可将生物传感器分为酶传感器、微生物传感器、组织传感器、细胞器传感器、免疫传感器和DNA生物传感器等[125]。

3）换能器类型　生物传感器的信号换能器有电化学电报、离子敏感性场效应晶体管、热敏电阻、光电换能器和声学装置等。据此又将传感器分为电化学生物传感器、半导体生物传感器、测热型生物传感器、测光型生物传感器和测声型生物传感器等[125]。

6. 生物传感器在环境监测中的应用

1）生物传感器在水环境监测中的应用

（1）BOD生物传感器　国内外的BOD常规测定方法[128]是：在（20±1）℃培养5日，分别测定样品培养前后的溶解样氧，二者之差即为5日生化需氧量BOD_5。这种方法操作复杂，重现性差，且不宜现场监测。而生物传感器测BOD只涉及初始氧化速率，两者之间的相关性可以通过对标准溶液的测定获得[117,129,130]。这就可以将测定时间缩短，且重现性大大提高。王建龙等[131]研制的BOD测定仪采用聚乙烯醇凝胶包埋方式固定酵母，并将固定化酵母直接分散悬浮在溶液中，将DO探头插入溶液中来测量BOD。试验表明，最佳测量状态为温度30℃，pH 5.0，固定化细胞15 g，可在20 min内实现BOD的快速测定。在BOD为0～200 mg/L的范围内有较好的线性测量关系，且有较好的准确性。

（2）微生物传感器快速测定酚　生物传感器可快速准确测定焦化、炼油、化工等企业废水中酚[121,132-135]。胡志鲜等[136]以微生物膜电极为传感器测对酚进行测定。传感器由极谱型氧电极和紧贴于其透气薄膜表面的微生物膜构成。当酚物质与氧一起扩散进入微生物膜时，由于微生物对酚的同化作用而耗氧，致使进入氧电极的氧分子速率下降，传感器输出电流减小，并在几分钟内达到稳态。在一定的酚浓度范围内，电流降低值 ΔI 与酚浓度之间呈线性关系，由此来测定酚的浓度。仪器的线性响应范围为 0.1～20 mg/L，响应时间为 5～10 min，10 次测定的相对偏差为 3.3%。

(3) 阴离子表面活性剂传感器　阴离子表面活性剂，如直链烷基苯磺酸钠(LAS)可造成严重的水污染，在水面上产生不易消失的泡沫，并消耗溶解氧。用 LAS 降解细菌制成的生物传感器，利用当阴离子表面活性剂存在时，LAS 降解菌的呼吸作用增强，引起溶解氧变化，从而氧电极电流变化的原理来测定 LAS 浓度[137]。

(4) 重金属离子的浓度测定　生物传感器可用测定污水中重金属离子浓度[103,138-140]。Leth 等[141]成功设计出一个完整的重金属离子的生物有效性测定的监测和分析系统。它基于固定化微生物和生物体发光测量技术，将弧菌属细菌(*Vibrio fischeri*)体内的一个操纵子在一个铜诱导启动子的控制下导入产碱杆菌属细菌(*Alcaligenes eurtophus* (AE1239))中，其结果可使细菌在铜离子的诱导下发光，发光程度与离子浓度成比例。目前，这种微生物传感器可以达到最低测量浓度 1 mM。

(5) 硝酸盐微生物传感器　Larsen 等[142]发展了测定硝酸盐的小型生物传感器。他们将一种假单细胞菌 *Pseudmonas* sp. 固定在小毛细管中，置于 N_2O 小电化学传感器的前端。固定化菌将 NO_3^- 转化为 N_2O，随即 N_2O 在小传感器的电负性的银表面还原。该传感器对 0～400 μM 的 NO_3^- 浓度呈线性响应。

(6) 水体富营养化监测传感器　水华、赤潮等严重破坏水域生态环境的现象是水体富营养化的结果。水体富营养化主要是某种浮游生物大量繁殖引起的。目前利用生物传感器可实现水体富营养化的在线监测，主要原理是通过检测这种浮游生物或细菌特殊的荧光光谱，来测定其浓度，预报藻类急剧繁殖的情况[143]。

2）生物传感器在大气环境监测中的应用

（1）CO_2传感器　Hu等[144]研究出一种CO_2传感器，能抵抗各种离子和挥发性酸的干扰，并能进行连续自动在线分析，是CO_2传统电位传感器的换代品。

（2）SO_2传感器　SO_2是酸雨、酸雾形成的主要原因，传统的检测方法比较复杂。Marty等[124]用亚细胞类脂类（subcellular organelle）—含亚硫酸盐氧化酶的肝微粒体（heptic microsome）和氧电极制成安培型生物传感器，对SO_2形成的酸雨酸雾样品溶液进行检测。类脂质被固定在醋酸纤维膜上，该膜附着在氧电极两层Telflon气体渗透层之间。当样品溶液经过氧电极表面时，微粒体氧化样品，消耗氧，使氧电极电流随时间延长而急剧减小，10 min达稳定。在SO_2的浓度小于3.4×10^{-4} M时，电流与SO_2浓度呈线性关系，检测限为0.6×10^{-4} M。

（3）NO_x传感器　NO_x不仅是造成酸雨酸雾的原因之一，同时也是光化学烟雾的罪魁祸首。Charles等[145]用多孔气体渗透膜、固定化硝化细菌和氧电极组成的微生物传感器，来测定样品中亚硝酸盐含量，从而推知空气中NO_x的浓度。由于硝化细菌以硝酸盐作为唯一的能源，故其选择性和抗干扰性相当高，不受挥发性物质如乙酸、乙醇、胺类（二乙胺、丙胺、丁胺）或不挥发性物质如葡萄糖、氨基酸、离子（K^+、Na^+）的影响，同样通过氧电极电流与硝化细菌耗氧之间的线性关系来推知亚硝酸盐的浓度。当亚硝酸盐的浓度低于0.59 mM时，有良好的线性响应，检测限为0.01 mM。

3）生物传感器在其他环境监测方面的应用

（1）残留有毒有害物的检测　用生物传感器检测农药残留物如杀虫剂、除草剂等在国外早有报道[36,44,107,124,140,146,147]。如用竞争性酶免疫检测法测五氯酚（PCP），用胆碱酯酶—电化学生物传感器检测有机磷和氨基甲酸酯类杀虫剂[44]。最近报道的 Bergen 等[148]采用光纤生物传感器在线检测地下水中残留的炸药成分 TNT 和 RDX，获得较满意的结果。他们将 TNT 抗体单性 IgG50591 或 RDX 抗体单性 IgG50359 以共价键结合到光纤表面，再将其固定到毛细管内，在测试液中加入 TNT 或 RDX 的荧光对比样。当样品中含有 TNT 或 RDX 时，最大荧光信号就会随炸药成分的含量成比例地下降，检测限达 5 μg/L。

（2）污染物急性毒性的检测　发光细菌急性毒性试验因其检测时间短（15 min），灵敏度高，被世界各国广泛采用。我国也于 1995 年，将这一方法列为环境毒性检测的标准方法。同济医科大学黄正等[149]用明亮发光杆菌和 ASW 培养基制成的菌膜有菌面覆盖在硅光片上，构成细菌发光传感器的敏感探头。将敏感探头插入暗盒反应池中，在避光条件下通过 DJ－Ⅱ型微光光功率计，测定菌膜发光强度及其变化值。该试验结果表明，稳定发光时间可持续 60～80 min，毒性检测时间为 15 min。在此期间，固定化菌膜发光强度变化不超过±2%。

（3）细菌总数的测定　细菌总数是环境样品最重要的污染指标之一。目前普遍采用的平板菌落计数法，测定周期长，准确度不高，主观误差大。生物传感器的快速测定引起人们极大的兴趣。韩树波等[150]研制成功一种新型伏安型细菌总数生物传感器，通过对电极及其辅助测定装置的设计，可使测定下限达 3×10^4 cells，测定周期在半小时左右。

7. 生物传感器的研究动向

生物传感器具有快速、在线、连续检测等优点，适应现代环境监测的需要。可以预见，在不久的将来，生物传感器必将在环境监测领域大放异彩。但是，目前生物传感器的广泛应用仍面临着许多困难，而今后对生物传感器的研究工作也将主要围绕着这些挑战进行。

（1）信号转换是生物传感器的关键问题，也是一个技术难点。如何在生物传感元件——酶的氧化还原中心与电极换能器之间建立电子传递仍是一个问题。目前的电聚合物法会导致酶活性下降，碳糊电极对建立电子传递是一个解决办法，但还有待于进一步的研究[151-153]。

(2) 生物响应稳定性也是一个问题。几乎报道的每一种生物传感器在使用中电信号都会逐渐下降，其变异系数(标准差与平均数的百分比)达5%～15%。因此，生物传感器的精度有待提高。

(3) 便携式微型生物传感器的研究也是今后的一个发展方向。如果微加工和纳米工程便于利用，且成本降低，必将为生物传感器的应用开辟新的天地。

(4) 如何提高生物传感器的使用寿命，选择活性强、选择性高的生物传感元件也是一个研究方向。

(5) 对于复杂体系中多种组分的同时测定，生物传感器阵列提供了一种直接、简便的解决办法。人们正尝试发展多功能集成传感器，在尽可能小的面积上排列尽可能多的传感器。

(6) 仿生传感器就是模仿人感觉器官的传感器。美国 Merritt 公司研制开发的无触点皮肤敏感系统获得了较大的成功，研制出无触点超声波传感器、红外辐射引导传感器和薄膜式电容传感器等。嗅觉和味觉方面也不断有新的“电子鼻”、“人工舌”产品问世。但真正能代替人的感觉器官功能的传感器还有待研制。

1.3 研究思路和内容

1.3.1 高效 MBF

1. 课题来源及思路

本课题受高等学校博士学科点专项科研基金项目(No. 20050247016)和教育部新世纪优秀人才支持计划项目(No. NCET-05-0387)的资助。

研究思路如下：以肉汤蛋白胨培养基、查氏培养基、马铃薯培养基和高氏1号培养基作为富集和分离培养基，通过稀释平板法和平板划线法，经多次分离纯化，获得纯菌株，根据菌株来源和培养基类型对纯菌株进行编号。将获得的菌株接种至筛选培养基中培养。根据纯化菌株发酵液离心上清液的絮凝活性，初步筛出絮凝剂产生菌；然后进行复筛，从中选出能产生较高絮凝活性MBF的菌株；接着对复筛菌进行再次发酵培养，保证所筛到的高效菌株产絮凝剂功能的遗传稳定性；采用传统生理生化试验和16S rDNA测序相结合的方法对高效菌株进行准确鉴定；研究培养时间、培养基的初始pH值、碳源、氮源、碳氮比、金属离子、培养温度、摇床转速和接种量等因素对高效菌株产絮凝剂的影响，并优化其产絮凝剂的培养条件；对高效菌产生的高活性MBF进行提取纯化后，进行表征和化学成分分析；通过研究絮凝反应体系的pH值、$CaCl_2$用量及MBF用量等因素对絮凝效果及Zeta电位的影响，再结合MBF的化学结构和絮凝过程的扫描电镜分析，探讨MBF的絮凝机理；研究高活性MBF在污泥沉降、污泥浓缩和染料吸附等方面的应用，检验其实用性能；用高浓度有机废水代替培养基中的碳源和氮源，力求降低MBF的生产成本，使其能够实现推广应用。本文研究采取的技术路线如图1-2所示。

2. 研究内容

本研究的主要内容包括：① 建立方便快捷的高效MBF产生菌筛选模式，筛选出高效菌株；② 观察菌体和菌落形态特征，分析生理生化特征，测定16S rDNA序列，进行准确的菌种鉴定；③ 研究培养基组成(C源、N源、C/N、金属离子)和培养条件(pH值、温度、摇床转速、接种量、培养时间)等因素对高效菌株所产MBF的絮凝活性的影响，优化高效菌株的培养条件；④ 对MBF进行提取纯化，采用紫外扫描、傅立叶红外扫描、扫描电镜、总有机碳分析和凝胶色谱等诸多手段对MBF进行表征，分析其化学成分和结构；⑤ 从Zeta电位角度研究影响高效MBF絮凝的因素，结合扫描电镜分

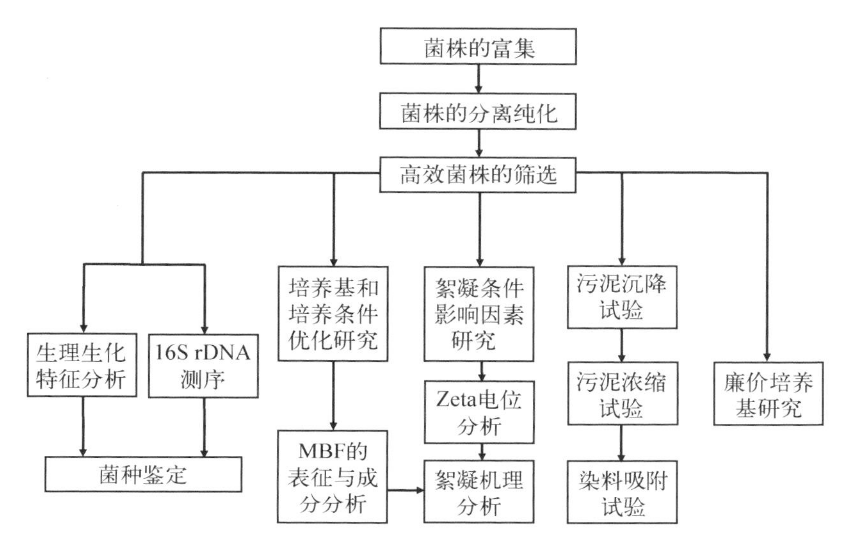

图1-2 高效MBF的研究技术路线

析其絮凝机理；⑥ 研究高效MBF对污泥沉降、污泥浓缩和染料吸附等的效果，并进行机理分析；⑦ 研究有机废水作为替代培养基，在降低高效MBF产生菌培养成本的同时，实现废水的资源化利用。

1.3.2 电导型生物传感器

1. *课题来源及思路*

2004年1月，由同济大学污染控制与资源化国家重点试验室、上海交通大学农业环境生态研究所、河海大学水资源开发利用教育部重点试验室等中方科研单位与法国国家科学研究中心(CNRS)、国家应用科学研究院(INSA)、里昂中心大学IFOS试验室、蒙彼利埃第一大学水科学试验室等法方科研单位联合承担的“中法研究合作网计划(P2R)”项目正式启动。合作研究的主要内容为水资源可持续开发管理与保护，包括水资源和河流流域综合管理、城市水环境可持续管理和雨水科学利用、水质监生物传感器技术、水中微污染物的去除与控制技术、废水强化生物处理工艺技术和废水生态化处理工艺等 6 个子项目。“P2R”项目规划完成期限是 2007 年底，合作期间中法双方每年相互派出 2～3 名博士生或青年研究人员前往对方试验室从事 6～12 个月的合作研究。同济大学与里昂中心大学 IFOS 试验室共同承担了其中“水质监测生物传感器技术”的研究，该课题同时受到国家“863”计划（No. 2004AA649410）和国家自然科学基金（No. 20707014）的支助。基于上述的中法合作背景及前期研究工作的基础，结合当前我国水环境面临的严峻水体富营养化形势，经中法双方导师讨论，确定了笔者在法国期间研究课题为：水体富营养化监测电导型生物传感器的研制及特性。

2. 研究内容

引起水体富营养化的主要元素是氮和磷。在藻类爆发前，这两种元素主要以无机态形式存在于水体中。无机态氮主要有硝酸盐、亚硝酸盐和铵盐等，无机态磷主要为磷酸盐。王学江副教授负责电导型硝酸盐生物传感器的开发，陈浩老师负责安培型亚硝酸盐生物传感器的开发，IFOS 实验室的 KHADRO 博士负责电导型铵盐生物传感器的开发。本课题研究的主要内容为：开发电导型磷酸盐生物传感器和电导型亚硝酸盐生物传感器，研究酶膜组成及结构、酶固定化技术等对传感器性能的影响及机理，优化电导型生物传感器的制备工艺；研究影响电导型生物传感器响应的工作参数，并进行机理分析，找到最佳工作条件和工作曲线；研究电导型生物传感器的保藏及抗离子干扰性能；将传感器应用于里昂地区河流水样的磷酸盐和亚硝酸盐的分析，检测其应用的可靠性。

1.4 研究创新点

本研究的创新点主要包括以下几个方面：① 建立了一种稳定有效的

高效 MBF 产生菌筛选模式；② 首次发现奇异变形杆菌能产生 MBF；③ 系统地研究了培养基组成（C 源、N 源、C/N、金属离子）和培养条件（pH 值、温度、摇床转速、接种量、培养时间）等因素对高效菌株产 MBF 的影响；④ 从 MBF 化学成分、结构及 Zeta 电位等角度，全面分析了高活性 MBF 的絮凝机理；⑤ 研究有机废水作为 MBF 产生菌的替代培养基，不仅实现了它们的资源化利用，还降低了 MBF 的生产成本；⑥ 成功将开发的高效 MBF 应用于污泥脱水和染料吸附；⑦ 利用麦芽糖磷酸化酶研制出了单酶电导型磷酸盐生物传感器，并将其成功应用于实际水样中的磷酸盐分析；⑧ 利用细胞色素 c 亚硝酸盐还原酶研制出了电导型亚硝酸盐生物传感器，并将其成功应用于实际水样中的亚硝酸盐分析。

第一部分

高效 MBF 的开发及应用研究

第2章

高效MBF产生菌的筛选与鉴定①

2.1 本章引言

2.1.1 MBF产生菌的分离与筛选

从天然土壤或活性污泥中获得絮凝剂产生菌一般采用以下分离过程[84]：以普通细菌培养基(肉汤蛋白胨琼脂培养基)作为分离培养基,通过稀释平板分离法和平板划线法进行多次分离,直至获得纯种。

将纯化菌株接种至筛选培养基中,根据培养液的絮凝活性筛选出絮凝剂产生菌,然后再对这些菌株的特性进行研究。总的筛选模式为：样品采集及预处理→菌株的分离纯化→菌株的浅层发酵培养→MBF的提取→MBF絮凝活性的检测→菌株的筛选[84]。

2.1.2 菌种鉴定

依照《伯杰氏细菌鉴定手册》[154],观察菌株及菌落形态特征,并进行生理生化特征性实验,再与菌种库中的菌进行特征比对,从而鉴定出菌种。这种

① 本章研究成果已申请中国发明专利,申请号：200710042196.0,公开号：CN101070203。

常规菌种鉴定方法应用比较广泛，鉴定结果也比较准确，不足之处就是实验工作量大而烦琐。随着现代生物技术的发展，分子生物学技术以其快速、方便等特点，在菌种鉴定中的应用不断增加。细菌的 rDNA 有 5S、16S 和 23S 三种。其中 5S rDNA 信息量少，不适合分析；而 23S rDNA 分子量大，但碱基突变速率要比 16S rDNA 快得多，对于较远的亲缘关系不适用；16S rDNA 其大小在 1 500 bp 左右，所代表的信息量适中，因此是进行分类研究的理想材料[155]。

本研究从上海市多个污水处理厂的混合活性污泥中富集、分离、纯化出一定数量的菌株，考察它们对通用发酵培养基的发酵离心上清液的絮凝活性，进行初筛、复筛和产 MBF 稳定性实验，筛选出能产生高效 MBF 的菌株。通过常规鉴定手段与 16S rDNA 测序相结合的方法，对高效 MBF 产生菌进行准确的菌种鉴定。

2.2 材料与方法

2.2.1 主要试验材料

菌种来源：上海曲阳水质净化厂的回流污泥，安亭污水处理厂的回流污泥，同济新村平行 AN/AO 污水处理装置的剩余污泥和东区污水处理厂 AmOn 一体化污水处理装置曝气池内的活性污泥。

富集及分离培养基：① 肉汤蛋白胨培养基(代号：RT)；② 查氏培养基(代号：CS)；③ 马铃薯培养基(代号：TD)；④ 高氏 1 号培养基(代号：GS)；⑤ 以苯酚(50 mg/L)作为唯一碳源的无机盐培养基(代号：BP)；⑥ 以 2,4-二氯酚(40 mg/L)作为唯一碳源的无机盐培养基(代号：DCP)；⑦ 以邻硝基酚(6 mg/L)作为唯一碳源的无机盐培养基(代号：ONP)；⑧ 以葡萄糖(1 g/L)和苯酚(50 mg/L)作为复合碳源的无机盐培养基(代号：GBP)；⑨ 以葡萄糖(1 g/L)和 2,4-二氯酚(40 mg/L)作为复合碳源的无机盐培养基(代号：GDCP)；⑩ 以葡萄糖(1 g/L)和邻硝基酚(6 mg/L)作为复合碳源的无机盐培养基(代号：GONP)。筛选培养基采用通用发酵培养基。培养基组成参见附录 A。

试验中所用到的主要试验仪器及设备如表 2-1 所示。

表 2-1　主要试验仪器及设备

序号	仪 器 名 称	型　号	生 产 厂 家
1	生化培养箱	SPX-150B	上海跃进医疗器械厂
2	全温度振荡培养箱	HZQ-F160	太仓市华美生化仪器厂
3	立式自动电热压力蒸汽灭菌器	LDZX-40CI	上海申安公司
4	电热恒温鼓风干燥箱	DHG-9140	上海精宏试验设备公司
5	紫外-可见分光光度计	UV-1700	SHIMADZU
6	立式万用电炉	—	上海圣欣科学仪器公司
7	高速离心机	—	国华电器有限公司
8	数显 pH 计	雷磁 PHS-25	上海精科
9	电子天平	AY120	SHIMADZU
10	冰箱	BCD-196G	新飞电器
11	生物显微镜	XSP-1600	舜宇集团
12	台式电子显微镜	TM-1000	HITACHI

2.2.2　菌种富集

各种污泥分别取 1 mL，与数粒玻璃珠一同放入 150 mL 锥形瓶装的 50 mL 各种新鲜富集培养基内，在摇床中(30℃，160 r/min)进行富集培养；72 h 后，移取 5 mL 富集培养液至相对应的新鲜培养基中，在同样条件下培养 72 h；再重复一次上述操作，得到最终富集液[84]。

2.2.3　菌株的分离纯化

采用稀释平板法对最终富集液中的微生物进行分离[156]。在无菌操作条件下，将最终富集液稀释成 10^{-4}，10^{-5}，10^{-6}，10^{-7}，10^{-8} 等 5 个稀释度。先吸取 0.5 mL 菌液于相应编号的培养皿内，再将冷却至 45℃左右的琼脂培养基倒入培养皿中，将培养皿平放在操作台上，顺时针或逆时针地来回转动，使培养基和菌液混合均匀，冷凝后即成平板。将平板倒置于生化培养箱中，在 30℃下培养 24 h。

采用平板划线法对菌株进行纯化[156]。根据菌落特征的不同，从上述平板中挑取带黏性且表面光滑的单菌落，在相对应类型的无菌平板培养基上划线。将平板倒置于生化培养箱中，在 30℃下培养 24 h。经多次平板划线获得纯菌株。

将纯化的菌株转至相对应类型的斜面培养基中，在生化培养箱中 30℃下培养 24 h，然后将其放入冰箱中 4℃下保存，以备使用。以后每月将菌株转种至相对应类型的新鲜斜面培养基中 1 次。

2.2.4 菌株的浅层发酵培养

在无菌操作条件下，将斜面培养基上的菌株接种至 150 mL 锥形瓶装的 50 mL 通用发酵培养基，在摇床培养箱中(30℃，160 r/min)培养 72 h 后，将发酵液在离心机中 4 000 r/min 下离心 20 min，絮凝活性较高的离心上清液即为液态 MBF。

2.2.5 MBF 产生菌的筛选

以离心上清液对高龄土悬液(4 g/L)的絮凝活性为指标，筛选出高活性 MBF 产生菌。絮凝活性的检测方法如下[84]：向 100 mL 比色管中加入 0.4 g 高岭土，3 mL 的 $CaCl_2$(1%，w/v)溶液和 2 mL 上述离心上清液，然后加蒸馏水至 100 mL，盖上磨口塞，将比色管作 10 个上下的自然翻转，转速以每次翻转时气泡上升完毕为准，翻转结束后，静置 5 min。从比色管中约 50 mL 处的取处理液，用 UV－1700 型紫外-可见分光光度计在 550 nm

的波长下测定吸光度(A)。同时以 2 mL 新鲜发酵培养基代替离心上清液，其他操作条件完全相同的试验作为对照，测其吸光度(B)。絮凝活性(Flocculating Activity, FA)计算方法如下：

$$FA=\frac{B-A}{B}\times 100 \tag{2-1}$$

培养基中的有机高分子物质使其本身具有一定的絮凝能力。以往筛选过程一般以蒸馏水代替离心上清液作为空白对照，没有考虑培养基的絮凝作用，而本研究以新鲜培养基代替离心上清液作为空白对照，能更为准确地反映出 MBF 的絮凝性能。

2.2.6　菌种常规鉴定

采用普通光学显微镜和扫描电子显微镜(SEM)相结合的方法对菌株的个体形态特征进行观察。

将菌株接种至固体培养基上，当它占有一定的发展空间并给予适宜的培养条件时，就会迅速生长繁殖，形成以母细胞为中心的一堆肉眼可见的、有一定形态构造的子细胞集团，即菌落。菌落是微生物的巨大群体，个体细胞形态的种种差别，必然会极其密切地反映在菌落形态上，因此群体(菌落)形态特征的观察会为个体的鉴定提供重要线索。

对菌种进行生理生化特征试验，包括革兰氏染色试验，吲哚试验，甲基红试验(M. R. 试验)，乙酰甲基甲醇试验(V - P 试验)，糖发酵试验，乳糖发酵试验，苯基丙氨酸试验和硫化氢试验等。详细试验方法参见附录 B。

2.2.7　菌种 16S rDNA 测序鉴定

菌种鉴定及 16S rDNA 测序均是由辽宁宝生物工程(大连)有限公司完成。16S rDNA 相似性分析采用的引物为正向引物(Seq forward)：5′-GAGCGGATAACAATTTCACACAGG - 3′；反向引物(Seq reverse)：5′-

CGCCAGGGTTTTCCCAGTCACGAC－3′。反应体系包括变性菌液 2.5 μL，PCR Premix 为 2.5 μL，正向引物 0.5 μL，反向引物 0.5 μL，16S－free H_2O 为 50 μL。反应程序为：94℃预变性 5 min；94℃变性 1 min，55℃退火 1 min，72℃延伸 1.5 min，30 个循环；72℃延伸 5 min，4℃ 条件下保存。

2.3 结果与讨论

2.3.1 初筛结果

经过富集培养和分离纯化，从混合活性污泥中共分离出 112 种纯菌株。将它们接种至通用发酵培养基中培养，进行初筛试验，通过测定它们的发酵液离心上清液对高岭土悬液的絮凝效果，从中筛选出有一定絮凝活性的菌株，结果见表 2－2。

表 2－2　高效 MBF 产生菌的初筛试验

序号	菌株编号	发酵液特征	OD_{550}	*FA* (%)
1	RT1		0.150 8	66.24
2	RT2	白色菌环，淡白色，较浊	0.060 9	86.36
3	RT3		0.155 4	65.21
4	RT4		0.212	52.55
5	RT5	淡黄色，较浊，白色沉淀	0.094 7	78.80
6	RT6	乳白色，较浊，少量白色沉淀	0.058 6	86.88
7	RT7		0.411 7	7.85
8	RT8	乳白色，较浊，白色细小沉淀	0.101 8	77.21
9	RT9		0.155 3	65.24

续　表

序号	菌株编号	发 酵 液 特 征	OD_{550}	*FA* (%)
10	RT10	淡黄色，浑浊	0.129 2	71.08
11	RT11	红褐色菌环，浑浊，淡褐色	0.079 7	82.16
12	RT12		0.299	33.07
13	RT13	淡黄色，较浊，白色沉淀	0.099	77.84
14	RT14		0.690 9	—
15	RT15	双菌环，白色沉淀	0.093	79.18
16	RT16		0.391	12.48
17	RT17		0.226 3	49.35
18	RT18	白色菌环，浑浊，细沉淀	0.131 0	70.68
19	RT19	双菌环，上环白细，下环淡黄粗，淡黄色，较浊，无沉淀	0.114 9	74.288
20	RT20		0.353 0	20.99
21	RT21		0.432 0	3.31
22	RT22		0.249 2	44.22
23	RT23		0.222 0	50.31
24	RT24		0.182 1	59.24
25	RT25		0.199 0	55.46
26	RT26		0.231 0	48.29
27	RT27		0.174 4	60.96
28	RT28	双菌环，上环白细，下环淡黄粗，淡黄色，较浊，无沉淀	0.082 3	81.58
29	CS1		0.234 4	47.53
30	CS2		0.371 0	16.96
31	CS3	淡黄色，较清，大量白色沉淀	0.136 0	69.56
32	CS4		0.393 3	11.97
33	CS5		0.291 3	34.80

续 表

序号	菌株编号	发 酵 液 特 征	OD_{550}	*FA* (%)
34	CS6		0.331 4	25.82
35	CS7		0.305 8	31.55
36	CS8		0.716 2	—
37	CS9	淡黄色，较清，悬浮絮状菌体	0.064 2	85.63
38	TD1		0.699 0	—
39	TD2		0.707 4	—
40	TD3		0.362 7	18.82
41	TD4	白色菌环，较清，大量白色沉淀	0.114 6	74.35
42	TD5		0.642 0	—
43	TD6		0.346 7	22.40
44	TD7	淡黄色细菌环，淡黄色，较浊，白色细沉淀	0.210 6	52.86
45	TD8		0.463 9	—
46	TD9		0.438 4	1.88
47	TD10	乳白色，较浊，大量白色沉淀	0.113 6	74.57
48	TD11		0.428 0	4.20
49	TD12		0.193 8	56.62
50	TD13		0.639 3	—
51	TD14		0.508 3	—
52	GS1		1.335 9	—
53	GS2		0.474 5	—
54	GS3	淡黄色，较清，大量白色沉淀	0.126 5	71.68
55	GS4	淡黄色，较浊，白色絮状沉淀	0.058 8	86.83
56	GS5		0.367 4	17.77
57	GS6		0.735 8	—
58	GS7		0.417 8	6.49
59	GS8		0.622 1	—

续　表

序号	菌株编号	发　酵　液　特　征	OD_{550}	*FA*（%）
60	GS9		0.907 5	—
61	GS10		0.809 7	—
62	GS11	无菌环，淡黄色，较浊，无沉淀	0.060 1	86.54
63	GS12		0.575 3	—
64	GS13		0.685 7	—
65	GS14	乳白色，浑浊	0.055 2	87.64
66	GS15		0.840 6	—
67	GS16		0.246 0	44.94
68	GS17		0.477 3	—
69	GS18	双菌环，上环白粗，下环白细，乳白色，较浊	0.063 4	85.81
70	GS19		0.302 0	32.40
71	GS20	乳白色粗菌环，乳白色，较浊，白色细沉淀	0.083 9	81.22
72	GS21		0.414 2	7.29
73	GS22		0.295 4	33.88
74	GS23	白色粗菌环，白色，较浊	0.040 6	90.91
75	GS24		1.074 1	—
76	GS25		0.238 6	46.59
77	GS26		0.822 1	83.99
78	GS27		0.282 0	36.88
79	GS28		0.512 3	—
80	GBP1		1.082 5	—
81	GBP2	三菌环，上至下为白、淡黄、白，浑浊，大量白色悬浮	0.201 3	54.94
82	GBP3		0.974 0	—
83	GBP4		0.644 0	—
84	GBP5		0.325 7	27.10

续　表

序号	菌株编号	发 酵 液 特 征	OD_{550}	*FA* (%)
85	GBP6	暗黄色菌环，淡黄色，较浊，大量白色沉淀	0.145 0	67.54
86	GBP7		0.585 0	—
87	GDCP1	白色细菌环，淡黄色，较浊，白色沉淀	0.109 3	75.53
88	GDCP2	乳白色，浑浊	0.155 5	65.19
89	GDCP3	淡黄色较粗菌环，淡黄色，较浊	0.145 3	67.47
90	GDCP4		0.585 6	—
91	GDCP5		0.220 1	50.73
92	GDCP6	白色菌环，乳白色，较浊	0.296 6	33.61
93	GDCP7		0.753 2	—
94	GDCP8		0.945 1	—
95	GDCP9	淡黄色，浑浊	0.300 0	32.85
96	GDCP10		0.624 3	—
97	GDCP11	双层白色菌环，乳白色，较浊	0.294 2	34.15
98	GDCP12		0.493 7	—
99	GDCP13		0.866 1	—
100	GDCP14	白色细菌环，淡黄色，较浊	0.188 5	57.81
101	GDCP15		0.487 3	—
102	GDCP16		0.601 4	—
103	DCP1	暗黄色稀菌环，淡黄色，较浊，少量暗黄沉淀	0.236 6	47.04
104	DCP2	白色菌环，淡黄色，较清，大量白色沉淀	0.221 2	50.49
105	DCP3		0.368 7	17.47
106	DCP4		0.487 8	—
107	DCP5		0.558 0	—
108	GONP1	淡黄色粗菌环，淡黄色，浑浊，细沉淀	0.380 0	14.95
109	GONP2	淡黄色菌环，淡黄色，较浊	0.799 8	—

续　表

序号	菌株编号	发 酵 液 特 征	OD_{550}	FA (%)
110	GONP3		0.899 8	—
111	ONP1	黄色菌环，黄色，较浊，少量白色沉淀	0.262 1	41.33
112	ONP2		0.800 2	—

注：1. 絮凝活性较低菌株的发酵液特征未输入；2. "—"表示无絮凝活性。

由表 2-2 可知，大部分纯化的菌株能够在通用发酵培养基中生长，其中有 43 种菌株的发酵液离心上清液絮凝活性 FA 在 70%以上，表明发酵液中所含的物质有絮凝活性。由于各菌株对通用发酵培养基中营养物质利用方式和能力的不同，使得所产物质的成分和结构不同，所以各菌株发酵液离心上清液的絮凝活性出现了差异。

2.3.2　复筛结果

将 FA 在 70%以上的 43 株菌转种至新鲜斜面培养基培养 24～48 h，后接种至通用发酵培养基中，在摇床内(30℃，160 r/min)培养 72 h，测发酵液离心上清液的絮凝活性，对菌株进行复筛，结果如表 2-3 所示。

表 2-3　高效 MBF 产生菌的复筛试验

序号	菌株编号	发 酵 液 特 征	OD_{550}	FA (%)
1	RT2	白色菌环，淡黄色，白色细沉淀	0.129 0	82.46
2	RT5		0.466 6	36.57
3	RT6		0.224 0	69.55
4	RT8		0.310 0	57.86
5	RT10		0.223 0	69.68
6	RT11		0.376 2	48.86
7	RT13		0.315 7	57.08

续　表

序号	菌株编号	发　酵　液　特　征	OD_{550}	*FA*（%）
8	RT15		0.675 4	8.19
9	RT18		0.366 2	50.22
10	RT19		0.315 3	57.14
11	RT28	白色粗菌环，乳白色，较浊	0.146 6	80.07
12	CS3		0.618 0	15.99
13	CS9	淡黄色，较清，少量白色细沉淀	0.141 7	80.73
14	TD4		0.216 0	70.64
15	TD7	淡黄色，较清，大量白色细沉淀	0.185 9	74.73
16	TD10	淡黄色，较清，大量白色沉淀	0.145 9	80.16
17	TD12		0.258 7	64.83
18	GS3	淡黄色，较清，白色细沉淀	0.107 4	85.40
19	GS4		0.539 3	26.69
20	GS11		1.020 0	—
21	GS14	白色菌环，淡黄色，浑浊，大量白色细沉淀	0.395 6	46.22
22	GS18		0.681 8	7.32
23	GS20		0.598 8	18.60
24	GS23	白色粗环，白色，较浊	0.459 6	37.52
25	GBP2	白色粗环，淡黄色，浑浊，白色悬浮	1.009 0	—
26	GBP5	双菌环，上白细，下暗粗，浑浊，少量白色大沉淀	0.641 4	12.81
27	GBP6	白色粗环，淡黄色，浑浊，少量白色大沉淀	0.866 9	—
28	GDCP1	白色细环，淡黄色，较浊，白色细沉淀	0.521 6	29.10
29	GDCP2		0.820 1	—
30	GDCP3		0.732 1	0.48
31	GDCP5		0.836 3	—
32	GDCP6	乳白色粗菌环	0.415 6	43.50

续　表

序号	菌株编号	发　酵　液　特　征	OD_{550}	*FA*(%)
33	GDCP9	黑色菌环,暗黄色,浑浊,少量黑色大沉淀	0.327 0	55.55
34	GDCP11		0.973 4	—
35	GDCP14		0.601 9	18.18
36	DCP1	淡黄色,浑浊	0.409 4	44.35
37	DCP2	白色菌环,淡黄色,较清,大量白色细沉淀	0.140 0	80.97
38	DCP3	白色菌环,淡黄色,较清,大量白色细沉淀	0.061 4	91.65
39	GONP1	淡黄粗菌环,淡黄色,较浊,白色细沉淀	0.585 6	20.40
40	GONP2		1.086 3	—
41	GONP3		1.056 0	—
42	ONP1	白色宽环,浑浊,淡黄色,少量白色较大沉淀	0.637 1	13.40
43	ONP2		0.723 9	1.60

注:1. 絮凝活性较低菌株的发酵液特征未输入;2. “—”表示无絮凝活性。

从表 2-2 和表 2-3 中 *FA* 的比较可知,43 株菌发酵液离心上清液的絮凝活性相差较大,有些菌株初筛时表现出较强的产絮凝物质的能力,但复筛时这种能力却又很弱甚至消失,这可能是由于在菌种世代繁殖中发生了基因变异。因此,有必要进行菌株产 MBF 的稳定性试验。

2.3.3　产 MBF 稳定性试验

从复筛表中再挑选 19 株菌接种新鲜斜面培养基培养好,再次接种至通用发酵培养基预培养 24 h,作为种子液保存在冰箱内。将 1 mL 种子液接种至 150 mL 锥形瓶装的 50 mL 新鲜通用发酵培养基中,在摇床内(30℃, 160 r/min)培养 72 h,进行菌株产 MBF 的稳定性试验,结果见表 2-4。

表 2-4　高效 MBF 产生菌的稳定性试验

序　　号	菌株编号	OD_{550}	*FA* (%)
1	RT2	0.044 1	91.14
2	RT28	0.140 7	71.73
3	CS9	0.446 0	10.39
4	TD7	0.055 1	88.93
5	TD10	0.071 8	85.57
6	GS3	0.107 7	78.36
7	GS14	0.131 5	73.57
8	GS23	0.252 4	49.28
9	GBP2	0.759 5	—
10	GBP5	0.287	42.33
11	GBP6	0.549 9	—
12	GDCP1	0.114 1	77.07
13	GDCP6	0.439 0	11.79
14	GDCP9	0.325 1	34.68
15	DCP1	0.266 4	46.47
16	DCP2	0.060 9	87.76
17	DCP3	0.203 0	59.21
18	GONP1	0.701 5	—
19	ONP1	0.114 1	77.07

注：1. 絮凝活性较低菌株的发酵液特征未输入；2. “—”表示无絮凝活性。

从表 2-4 中可以看出，菌株 RT2 的絮凝活性最高。在从初筛到复筛，再到稳定性试验过程中，RT2 发酵液离心上清液的絮凝活性不仅始终稳定在 80%以上，还有很大的提高。由此表明，RT2 产絮凝剂能力有良好的遗传稳定性，而且经多次斜面培养基的接种训化后，所产絮凝剂的活性还有所增强。综合以上结果，选择 RT2 作为试验菌株。

2.3.4　菌种鉴定结果

1. 常规鉴定结果

按2.2.7的方法对菌株进行鉴定。用扫描电镜对菌株RT2的菌体特征进行观察，见图2-1。

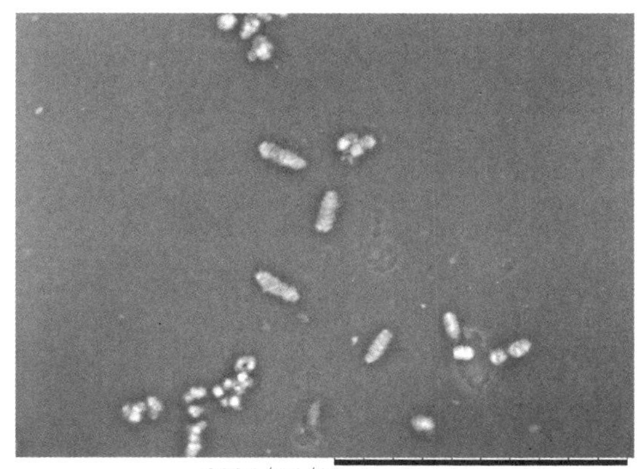

图2-1　菌株RT2的扫描电镜图(放大3 000倍)

从图2-1中可以看出，菌株RT2为杆状，大小(长×宽)约为(3.6～5.3)μm×(1.1～1.9)μm，属于杆菌。菌株RT2的发酵液特征为白色菌环，淡黄色，有白色细沉淀。在肉汤蛋白胨培养基平板上培养24 h后，菌株RT2的菌落特征为：乳白色，光滑，湿润，圆形，直径约为6 mm，表面扁平。穿刺培养试验表明，菌株RT2在半固体培养基中的生长特征为：在表面及沿着穿刺线自上而下生长，呈丝状。RT2为兼性厌氧，有鞭毛，能运动。菌株RT2的生理生化特征试验结果见表2-5。

根据以上试验结果，参照《伯杰氏细菌学鉴定手册》(第八版)，初步认定RT2为奇异变形杆菌(*Proteus mirabilis*)。

表 2-5 生理生化试验结果

序 号	生理生化特征试验	结 果
1	革兰氏染色	—
2	吲哚试验	—
3	甲基红试验	+
4	V-P 试验	—
5	糖发酵试验	产酸、产气
6	乳糖发酵试验	—
7	苯基丙氨酸试验	+
8	硫化氢试验	+

注：表中“+”表示阳性反应，“—”表示阴性反应。

2. 16S rDNA 测序鉴定结果

从斜面培养基中挑取菌株 RT2 于 10 μL 灭菌水中，99℃变形后离心取上清液作为模板，使用 TaKaRa 16SrDNA Bacterial Identification PCR Kit (Code No. D310)，以 Forward/Reverse primer 2 为引物，扩增目的片段。取 5 μL 进行琼脂糖凝胶电泳，结果图 2-2 所示。

然后使用 TaKaRa Agarose Gel DNA Purification Kit Ver. 2. 0(Code No. DV805A)切胶回收目的片段，取 1 μL 进行琼脂糖凝胶电泳，结果图 2-3 所示。

以 Seq Forward、Seq Reverse 和 Seq Internal 为引物对上述回收产物进行 16S rDNA 测序，结果见附录 C。该菌的 16S rDNA 碱基数为 1 462 bp，将序列提交至 GenBank，accession No.（登录号）为 EF091150。Blast 同源性检索结果表明，该菌株与奇异变形杆菌的匹配率为 99.99%。

综合常规鉴定与 16S rDNA 测序鉴定的结果，确定该菌为奇异变形杆菌。这是首次发现奇异变形杆菌能产生 MBF，将该菌正式命名为奇异变形杆菌 TJ-1(*Proteus mirabilis* TJ-1)，简称“TJ-1”，其产生的 MBF 命名为“TJ-F1”。

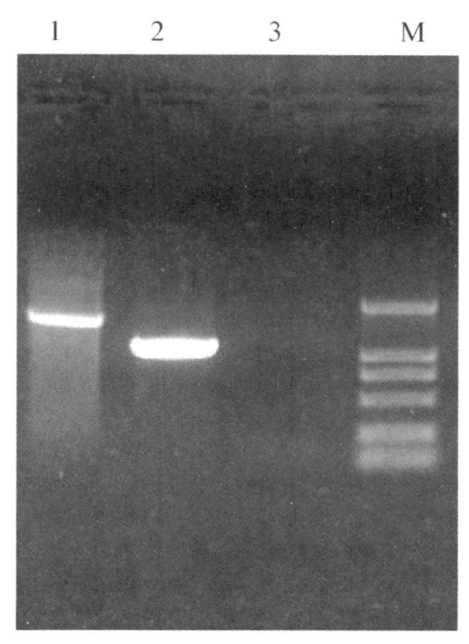

M：DNA Marker DL2000
1：TJ-1 PCR产物
2：正对照
3：负对照

图 2 - 2　菌株 RT2 的琼脂糖凝胶电泳

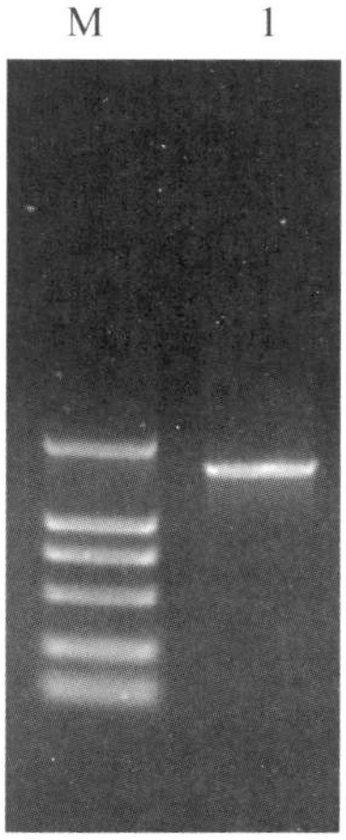

M 1

M：DNA Marker DL2000
1：TJ-1

图 2 - 3　菌株 RT2 的琼脂糖凝胶电泳

2.4　本章小结

(1) 使用 9 种富集培养基对混合活性污泥中的微生物进行了有针对性的富集培养；采用稀释平板法和平板划线法从富集液中分离出 112 株菌；以新鲜发酵培养基代替蒸馏水来做絮凝活性测定的空白试验，提高了 MBF 产生菌的筛选标准；通过初筛、复筛和产 MBF 稳定性试验，筛选出一株能稳定产生高效 MBF 的优良菌株，所产 MBF 对高岭土悬液的絮凝活性达 91%。

(2) 综合常规鉴定和 16S rDNA 测序鉴定的结果，该菌为奇异变形杆菌，这是首次发现奇异变形杆菌能产生 MBF；将其正式命名为奇异变形杆菌 TJ - 1(*Proteus mirabilis* TJ - 1)，简称“TJ - 1”，其产生的 MBF 命名为“TJ - F1”。

第3章 TJ-1产MBF的影响因素研究①

3.1 本章引言

影响菌株产生MBF的因素众多，包括遗传、生理和环境等各方面的因素，环境因素又包括物理、化学和生物等[58,94,157-164]。对于筛选出来的高效菌TJ-1，遗传和生理条件已经确定，可以通过改变环境条件来研究TJ-1产MBF的影响因素。环境条件主要包括培养时间、培养基初始pH值、培养基组成、培养温度、通气量和接种量等。本章以MBF的絮凝活性为主要指标，系统地研究了TJ-1产生MBF的影响因素及机理，并对其培养条件进行了优化。

3.2 材料与方法

3.2.1 主要试验材料

菌株TJ-1，通用发酵培养基，高岭土，葡萄糖(glucose)，甘露糖

① 本章部分研究成果已发表在*Bioresourec Technology*上。

(mannose)，果糖(fructose)，半乳糖(galactose)，乳糖(lactose)，蔗糖(sucrose)，淀粉(starch)，牛肉膏(beef extract)，酵母膏(yeast extract)，蛋白胨(peptone)，尿素(urea)，NH_4NO_3，$(NH_4)_2SO_4$，$NaNO_3$，$NaNO_2$，KCl，NaCl，$MgSO_4$，$CaCl_2$，$FeSO_4$，$FeCl_3$和 $Al_2(SO_4)_3$等(除特别说明外，均为分析纯级)。

试验中所用到的主要仪器及设备同表 2－1。

3.2.2　TJ－1 产 MBF 的影响因素试验

对 TJ－1 进行连续发酵培养，绘出其生长曲线，确定 MBF 絮凝活性最高的培养时间。培养基初始 pH 值分别设定为 4.0、5.0、6.0、7.0、8.0、9.0 和 10.0，找出最佳值。改变通用发酵培养基中的初始 pH 值、碳源、氮源、碳氮比(C/N 比)、金属盐，在摇床内(30℃，160 r/min)培养 TJ－1，测定所产 MBF 的絮凝活性，逐步优化培养基组成。碳源选用 20 g 葡萄糖、甘露糖、果糖、半乳糖、乳糖、蔗糖或淀粉；氮源选用 1 g 牛肉膏、酵母膏、蛋白胨、尿素、NH_4NO_3、$(NH_4)_2SO_4$、$NaNO_3$或 $NaNO_2$；C/N 比选用 5、10、20、30、50 或 100；金属盐选用 0.3 g KCl、NaCl、$MgSO_4$、$CaCl_2$、$FeSO_4$、$FeCl_3$或 $Al_2(SO_4)_3$。然后，改变培养温度、通气量(摇床转速)和接种量等，进一步优化培养条件。

3.3　结果与讨论

3.3.1　TJ－1 的生长曲线

以无菌操作将 1 mL 的 TJ－1 种子液接种至 50 mL 通用发酵培养基，培养条件为温度 30℃，摇床转速为 160 r/min。每隔 8 h 取一次样，测定发酵液 pH 值、菌体干重和絮凝活性，试验结果见图 3－1。

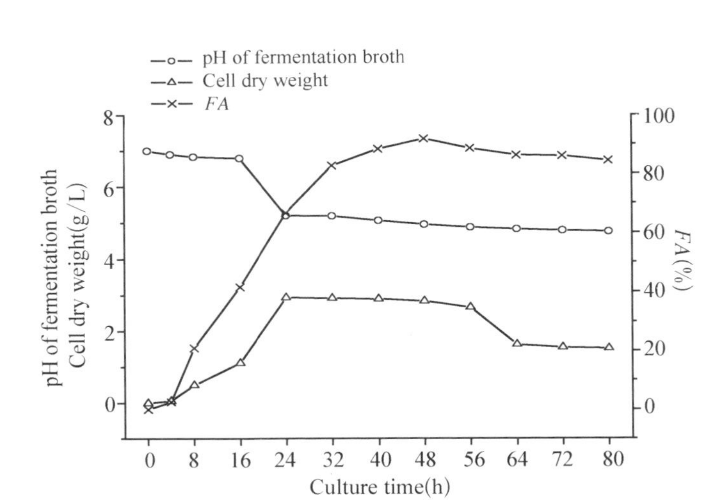

图 3－1　TJ－1 的生长曲线

由图 3－1 可知，在菌株生长的对数期内，pH 值快速下降，MBF 的活性与生物量的增长几乎同步。发酵培养 24 h 后，生物量达到最大值 2.94 g/L。菌株生长进入静止期后，发酵液 pH 值缓慢下降，生物量基本稳定，MBF 的活性稳定在 80%以上，并在 48 h 时达到最大为 91.78%。菌株培养 56 h 后，进入内源代谢期，发酵液 pH 值继续缓慢下降，生物量开始减少，MBF 的活性也有所下降。

许多已经报道的 MBF 都是在菌株生长的对数期或静止期产生的，之后絮凝活性变化不大，有些甚至下降。例如，*Alcaligenes latus* 在对数期的中后期（2～3 d）所产生的 MBF 有最高活性，之后由于解絮酶的作用，MBF 的活性开始下降[95]。*Bacillus licheniformis* 的生物量和 MBF 的絮凝活性在静止期（96 h）同时达到最大[165]。*Enterobacter aerogenes* 的细胞生长与 MBF 的产生同步进行，MBF 在静止期的初期（60 h）达到最大絮凝活性，表明 MBF 是在细胞合成时产生的，而不是细胞分解出来的[166]。从图 3－1 可以看出，在培养的最初 24 h 内，发酵液的 pH 值由 7.0 降至 5.2，这可能是由于 TJ－1 为实现对数增长而快速消耗培养基中的营养成分所致。

TJ－1在培养 48 h 后所产生 MBF 的絮凝活性达到最大，比已经报道的絮凝菌所需时间要短。培养 56 h 后，培养基内的营养不足以维持如此多菌的生长要求，菌株的死亡速率开始大于生长速率，生物量因此减少；MBF 可能类似于菌的黏液层，当营养不足时，又可被 TJ－1 当作储备能源进行利用，随着 MBF 被消耗降解，其絮凝活性下降。因此，确定 48 h 作为 TJ－1 产生 MBF 的最佳培养时间。

3.3.2 培养基初始 pH 对 TJ－1 产 MBF 的影响

改变通用发酵培养基初始 pH 值，分别调节为 4.0、5.0、6.0、7.0、8.0、9.0 和 10.0。将 TJ－1 种子液 1 mL 接种至培养基中，在 30℃、160 r/min 的摇床培养箱中培养 48 h，测定发酵液离心上清液的絮凝活性，结果见图 3－2。TJ－1 对培养基初始 pH 的适用范围较广。当培养基初始 pH 值在 5.0～9.0 时，MBF 的絮凝活性都在 75％以上；当 pH 值为 7.0 时，絮凝活性达到最大。

微生物的生命活动和物质代谢都与 pH 密切相关。培养基的初始 pH 会影响到微生物细胞的带电状态和氧化还原电位，影响微生物对营养物质的吸收和酶反应[9]。不适宜的 pH 会使酶的活性降低，从而影响微生物细胞内的生化反应，进而影响微生物的生长繁殖。MBF 是微生物生长过程中产生的物质，只有首先保证微生物生长良好，在此基础上再保证其他条件适宜，才能使微生物产生足够的高絮凝活性物质。因此适宜的 pH 对微生物产絮凝剂有重要影响，图 3－2 表明，TJ－1 产 MBF 的最佳培养基初始 pH 值为 7.0。

3.3.3 碳源对 TJ－1 产 MBF 的影响

碳源通过影响微生物的糖代谢、能量、呼吸和生长等影响微生物次生代谢产物的合成和分泌。分别以 20 g 葡萄糖、甘露糖、果糖、半乳糖、乳糖、

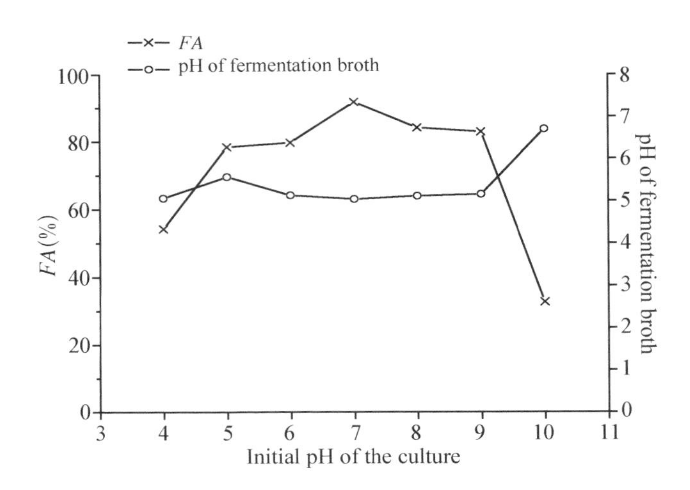

图 3－2　培养基初始 pH 对 TJ－1 产絮凝剂的影响

蔗糖和淀粉代替通用发酵培养基中的碳源，配成不同碳源的培养基，同时以不加碳源的培养基作对照，培养基初始 pH 值都调为最佳值 7.0。将 TJ－1 种子液 1 mL 接种至培养基中，在摇床培养箱中 30℃、160 r/min 条件下培养 48 h，测定发酵液离心上清液的絮凝活性，试验结果见图 3－3。从图中可以看出，空白对照试验的离心上清液也表现出一定的絮凝活性；

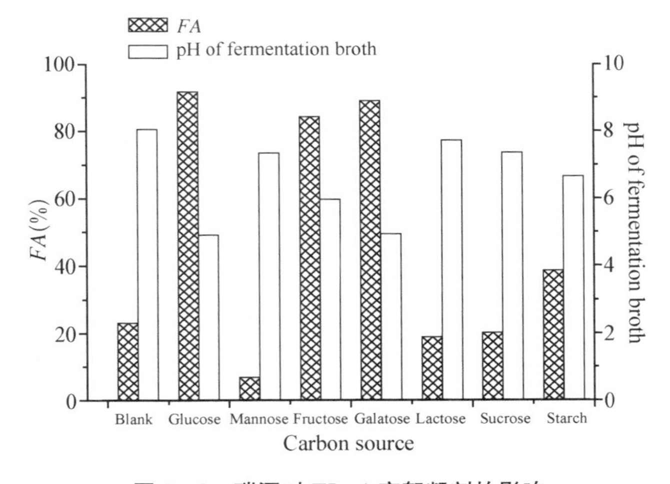

图 3－3　碳源对 TJ－1 产絮凝剂的影响

以葡萄糖、果糖或半乳糖为碳源，TJ－1 产生的 MBF 絮凝活性均较高，其中以葡萄糖为最佳碳源。甘露糖、乳糖、蔗糖和淀粉都不适合作 TJ－1 的碳源；与空白对照相比，甘露糖、乳糖和蔗糖甚至对 TJ－1 产生 MBF 有一定的抑制作用。由于酵母膏含有部分可被微生物利用的碳，所以 TJ－1 仍然在空白对照培养基中生长。葡萄糖是最易分解和被微生物利用的单糖，且价格相对较为低廉，所以选用葡萄糖作为 TJ－1 的碳源。

3.3.4　氮源对 TJ－1 产 MBF 的影响

氮源能够提供给微生物氮素营养，其作用是供给微生物合成蛋白质和含氮物质的原料[156]。分别用 1 g 牛肉膏、酵母膏、蛋白胨、尿素、硝酸铵、硫酸铵、硝酸钠和亚硝酸钠代替通用发酵培养基中的氮源，并以不加氮源的培养基为空白对照。培养基的碳源都采用葡萄糖，pH 值均采用 7.0。将 TJ－1 种子液 1 mL 接种至培养基中，在 30℃、160 r/min 的摇床培养箱中培养 48 h，测定发酵液离心上清液的絮凝活性，结果见图 3－4。空白对照中发酵液离心上清的絮凝活性为 38%，表明 TJ－1 产 MBF 对氮源的要求

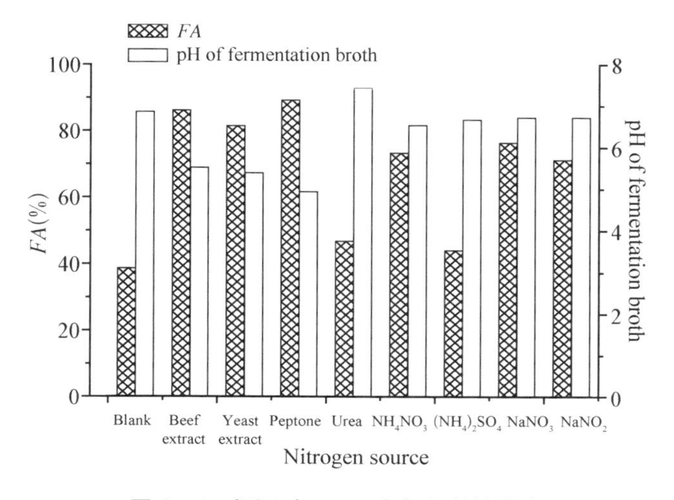

图 3－4　氮源对 TJ－1 产絮凝剂的影响

较低，以碳源为主。蛋白胨、牛肉膏或酵母膏为氮源，所产 MBF 的活性均在 80%以上，其中又以蛋白胨为最佳，为 91.82%；以尿素或硫酸铵为氮源时，所产 MBF 的活性较低。从絮凝现象看，蛋白胨为氮源时高岭土形成的絮体粗大，搅拌停止后能快速沉淀下来，且以蛋白胨为氮源的发酵液非常黏稠，和混合氮源的发酵液絮凝活性相当，从节约成本角度考虑，确定以蛋白胨作为 TJ－1 最佳培养氮源。

3.3.5　碳氮比对 TJ－1 产 MBF 的影响

培养基碳源采用葡萄糖，氮源采用蛋白胨，蛋白胨用量固定为 1 g/L，培养基初始 pH 值为 7.0，C/N 比分别取 5、10、20、30、50 和 100。研究不同碳氮比对 TJ－1 所产 MBF 絮凝活性的影响，结果见图 3－5。当 C/N 比在 5～100 范围内时，MBF 的絮凝活性均在 80%以上；当 C/N 比为 10～20 时，MBF 的活性可稳定在 90%以上。可见 TJ－1 对 C/N 比的要求较低，只要保证一定的碳源和氮源，它就能产生较高絮凝活性的 MBF。为保证 MBF 的絮凝活性，C/N 比确定为 10。

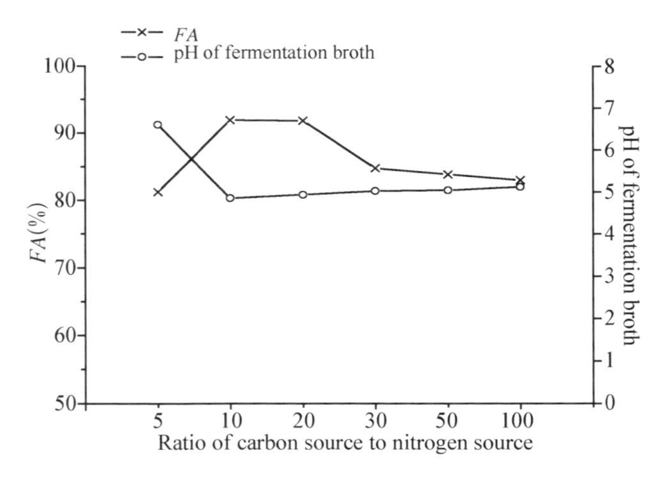

图 3－5　碳氮比对 TJ－1 产絮凝剂的影响

3.3.6 金属离子对TJ－1产MBF的影响

所选的金属盐分别为KCl、NaCl、$MgSO_4$、$CaCl_2$、$FeSO_4$、$FeCl_3$、$Al_2(SO_4)_3$，1 L发酵培养基中均取0.3 g，并以不加金属盐的培养基做对照，培养基均采用葡萄糖作为碳源，蛋白胨作为氮源，pH值为7.0，碳氮比为10。将菌TJ－1接种液1 mL接种至培养基中，在30℃、160 r/min的摇床培养箱中培养48 h，测定发酵液离心上清液的絮凝活性和pH值，结果见图3－6。

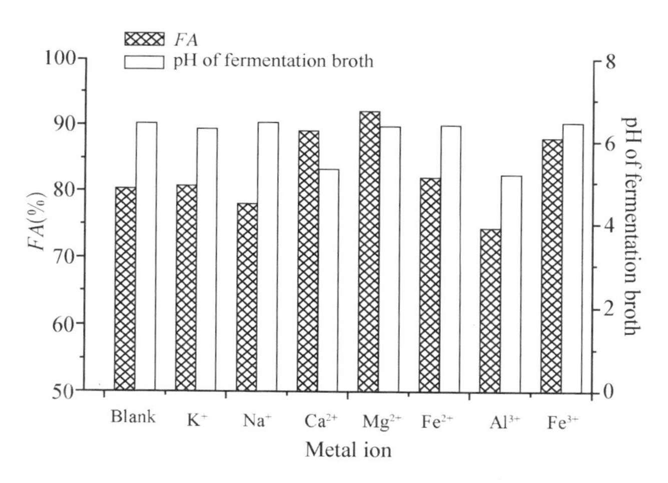

图3－6 金属离子对TJ－1产絮凝剂的影响

从图3－6可知，K^+、Na^+和Fe^{2+}对TJ－1产生MBF的影响不大；Al^{3+}会抑制其产生MBF；Ca^{2+}、Mg^{2+}和Fe^{3+}均有助于提高MBF的絮凝活性，这可能是由于它们能够被TJ－1以微量元素的形式吸收，不仅促进细胞生长，而且可能参与构成MBF的形成，它们可以中和MBF和电负性胶体微粒表面电荷，减弱了微粒之间静电斥力，从而使胶体颗粒脱稳，更易被MBF吸附桥联，形成大的絮体并快速沉降，提高MBF的絮凝性能。选择Mg^{2+}和选择混合离子时，TJ－1产生MBF的絮凝活性相当，从节约成本考虑，选择Mg^{2+}作为TJ－1的微量元素。

根据以上优化试验结果，确定 TJ－1 产 MBF 的优化培养基为：葡萄糖 10 g/L，蛋白胨 1 g/L，$MgSO_4$ 0.3 g/L，KH_2PO_4 2 g/L，K_2HPO_4 5 g/L，pH 值为 7.0。

3.3.7　培养温度对 TJ－1 产 MBF 的影响

将 1 mL 的 TJ－1 种子液接种至 50 mL 上述优化培养基中，改变培养温度，在摇床培养箱中(160 r/min)培养 48 h 后，测定发酵液离心上清液的絮凝活性和 pH 值。试验结果如图 3－7 所示。

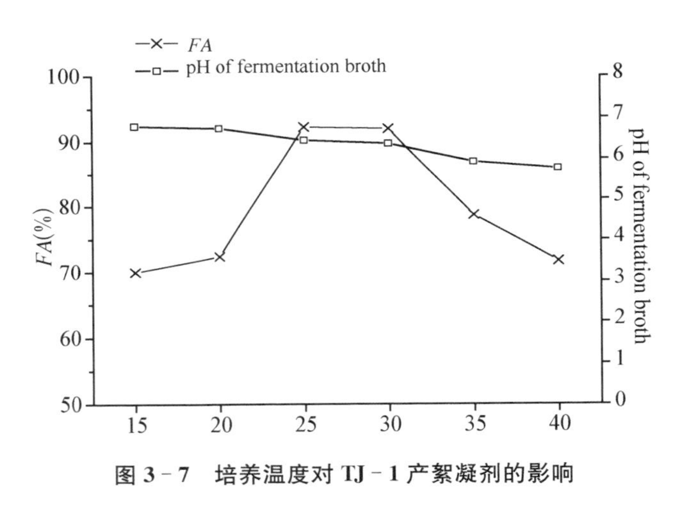

图 3－7　培养温度对 TJ－1 产絮凝剂的影响

从图 3－7 中可以看出，培养温度对 TJ－1 所产 MBF 絮凝活性有着重要的影响。发酵液的 pH 值随培养温度的升高而持续下降。当培养温度低于 25℃时，TJ－1 所产 MBF 的絮凝活性随着温度升高而增强；培养温度为 25～30℃时，所产 MBF 维持在高絮凝活性状态；继续升高培养温度，所产 MBF 的絮凝活性快速下降。适宜的温度有利于微生物保持良好的生长速率与代谢速率，微生物的生命活动和物质代谢都与温度有关[156]。任何微生物都只能在一定的温度范围内生存，在适宜的范围内，温度升高，微生物生长快，产物合成、积累快。温度过低会影响酶的活性，使细胞代谢缓慢，影响物质的合成、积累。TJ－1 的适宜生长温度为 25～30℃。在此温度下，构成 TJ－1 的微生物能大量生长繁殖，并产生大量絮凝活性较高的 MBF。

3.3.8　通气量对 TJ－1 产 MBF 的影响

将 1.0 mL 的 TJ－1 种子液接种至 50 mL 优化培养基中，通过摇床转速来控制通气量，在摇床培养箱中(25℃)下培养 48 h，测定发酵液离心上清液的絮凝活性和 pH 值。试验结果如图 3－8 所示。

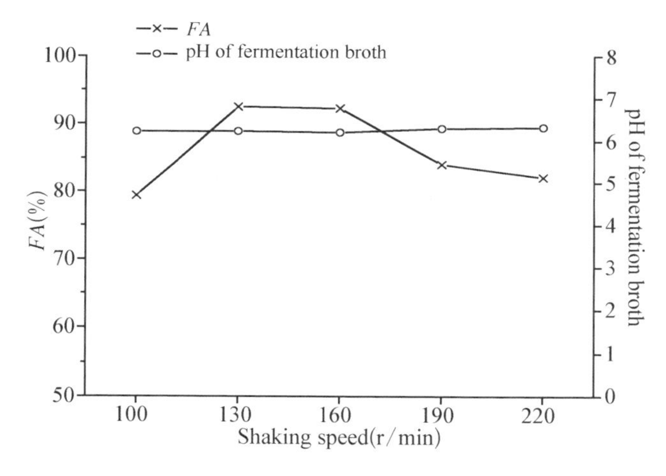

图 3－8　摇床转速对 TJ－1 产 MBF 的影响

图 3－8 表明，发酵液 pH 值随摇床转速变化不大，稳定在 6.3 左右。随着摇床转速的增加，TJ－1 所产 MBF 的絮凝活性呈现出先升高后降低的特点。当摇床转速为 100 r/min 时，所产 MBF 的絮凝活性为 79.34%；当摇床转速在 130～160 r/min 范围内，所产 MBF 的絮凝活性维持在 90%以上；继续提高摇床转速，所产 MBF 的絮凝活性呈现下降趋势。

摇床转速提高表示通气量增大，即发酵液中的溶解氧浓度上升。氧气对好氧微生物有两个作用[156]：① 作为微生物好氧呼吸的最终电子受体；② 参与甾醇类和不饱和脂肪酸的生物合成。通气量太小会导致发酵液中溶解氧不足，从而影响微生物生长，使所产 MBF 的絮凝活性下降；通气量太大，发酵液中溶解氧充足，细胞代谢活力强，合成细胞物质的速度快，微生物生长旺盛，不仅消耗培养基中的原有营养物质，还消耗新合成的 MBF，最终使得发酵液中的 MBF 量减少，絮凝活性下降。因此，摇床转速过小或过大都会影响 TJ－1 所产 MBF 的絮凝活性，130～160 r/min 是一个比较理想的摇床转速范围，为节约电力消耗，采用 130 r/min 的摇床转速。

3.3.9 接种量对 TJ－1 产 MBF 的影响

改变 50 mL 的优化培养基的 TJ－1 种子液的接种量，在摇床培养箱中(25℃，130 r/min)培养 48 h 后，测定发酵液离心上清液的絮凝活性和 pH 值。试验结果如图 3－9 所示。当接种量为 0.05 mL 时，发酵液的 pH 值与初始值相比变化不大，MBF 的絮凝活性也不高；随着接种量的增加至 0.1 mL，发酵液的 pH 值开始下降，MBF 的絮凝活性得到迅速提高；接种量在 0.1～1 mL 范围内，除发酵液 pH 值略微下降外，MBF 基本稳定在一个高絮凝活性状态；当接种量超过 1 mL 后，发酵液 pH 值和 MBF 的絮凝活性均呈现快速下降趋势。接种量的影响机理是：低接种量下 TJ－1 的停

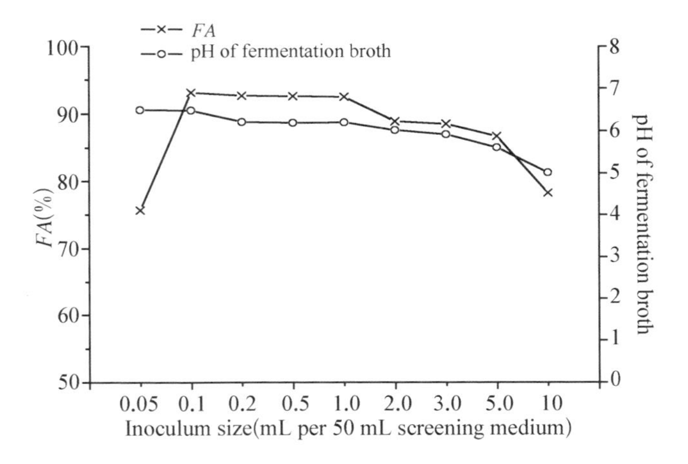

图 3－9　接种量对 TJ－1 产絮凝剂的影响

滞期过长，生物量少，在48 h之内对培养基的发酵不充分；而在高接种量下TJ-1会因生长繁殖过快，还来不及形成较多的MBF，便已将培养基中的营养物质消耗殆尽。因此，TJ-1产MBF的优化接种量为0.1 mL(种子液)/50 mL(优化培养基)，即0.2%(v/v)。

3.4 本章小结

(1) 在生长的对数期，TJ-1的生物量增长与MBF的活性增加几乎同步，在培养24 h后生物量达到最大；进入生长的静止期后，生物量基本稳定，而MBF的絮凝活性则继续增加，并在培养48 h后达到最大；在生长的衰亡期，生物量和MBF的活性又均呈下降趋势。

(2) TJ-1适于在中性环境中产生MBF；以葡萄糖、果糖或半乳糖为碳源，TJ-1产生的MBF絮凝活性均较高，其中以葡萄糖为最佳碳源；蛋白胨、牛肉膏或酵母膏为氮源，其所产MBF的活性均在80%以上，其中又以蛋白胨为最佳；TJ-1对碳氮比的要求较低，只要保证一定的碳源和氮源，它就能产生较高絮凝活性的MBF，当碳氮比为10～20时，MBF的絮凝活在90%以上；Ca^{2+}、Mg^{2+}和Fe^{3+}均有助于提高MBF的絮凝活性，以Mg^{2+}为最佳。TJ-1产MBF的优化培养基为：葡萄糖10 g/L，蛋白胨1 g/L，$MgSO_4$ 0.3g/L，KH_2PO_4 2 g/L，K_2HPO_4 5 g/L，pH值为7.0。

(3) 当培养温度为25～30℃时，TJ-1产生的MBF维持在高絮凝活性状态；摇床转速在130～160 r/min范围内，所产MBF的絮凝活性维持在90%以上；接种量在0.2%～2% (v/v)范围内，其所产MBF均呈现较高的絮凝活性。TJ-1的优化培养条件：25℃、130 r/min的摇床转速，接种量0.2% (v/v)。将TJ-1接种至优化培养基，并在优化培养条件下培养48 h，所产MBF的絮凝活性可达93.13%。

第4章

TJ-F1 的提纯、表征及絮凝机理研究

4.1 本章引言

从主要化学组成角度，MBF 可分为蛋白质、多糖、脂类和糖蛋白等几大类[52,91,167-170]。不同类型的 MBF，结构性质也相差较大[91,171,172]，不过大多为分子量高于 1×10^5 的高分子聚合物[168,173-181]。例如，NOC-1的主要成分是蛋白质，而且分子中含有较多的疏水氨基酸，包括丙氨酸、谷氨酸、甘氨酸、天门冬氨酸等，其最大相对分子量为 75 万[89]。许多 MBF 红外光谱表明其化学结构中常有羧基、羟基、氨基和磷酸基等[9,91,161,164,168,172-174,177,180,182-190]。

关于 MBF 的絮凝机理，人们提出了许多假说，如 Crabtree 的 PHB 酯学说和 Friedman 的菌体外纤维素纤丝学说等[191,192]。Crabtree 的 PHB 酯学说是根据他的生枝动胶菌积累聚-β-羟基丁酸(PHB)提出的，适用范围窄，只能解释部分 PHB 菌引起的絮凝现象。Friedman 发现部分引起絮凝的菌体外有纤丝，认为是由于胞外纤丝聚合形成絮凝物，因此提出了菌体外纤维素纤丝学说，但它不能解释大部分絮凝现象。基于絮凝剂加入水中后，主要是通过

双电层压缩、电荷的中和作用、网捕作用和吸附架桥作用使颗粒间排斥能降低并最终发生凝聚和絮凝，有人提出了 MBF 的电荷中和机理、卷扫作用和吸附桥联作用[83,193-200]。电中和机理是指胶体粒子的表面一般带有负电荷，当带有一定正电荷的链状生物大分子絮凝剂或其水解产物靠近胶粒表面或被吸附到胶粒表面上时，将会中和胶粒表面上的一部分负电荷以减少静电斥力，从而使胶粒间能发生碰撞而凝聚[84]。卷扫作用是指当 MBF 的投加量一定且形成小絮凝体时，可以在重力作用下迅速网捕，卷扫水中胶粒而产生沉淀分离，但也有一些絮凝现象不能用这两种机理来解释[84]。目前最为普遍接受的是“吸附桥联”学说，它可解释大多数由 MBF 引起的絮凝现象。该学说认为：MBF 是链状高分子聚合物，具有能与胶粒和细微悬浮物发生吸附的活性部位，并能通过静电吸引力、范德华力和氢键等将微粒搭桥连接为一个个网状三维结构的絮凝体而沉淀下来[9]。Levy 等以吸附等温线和 Zeta 电位测定表明环圈藻 PCC－6720 所产絮凝剂对膨润土絮凝过程确以“桥联”机理为基础。用电镜照片显示聚合细菌之间有胞外聚合物搭桥相连，正是这些桥使细胞丧失了胶体的稳定性而紧密地聚合成凝聚状在液体中沉淀下来[51,52]。

在本章中，首先对 TJ－1 所产生的液态 MBF 进行提取纯化；然后采用紫外扫描、傅立叶红外扫描和总有机碳分析仪等对纯化 MBF 进行表征，并分析其化学组成和分子量；最后通过高岭土悬液絮凝试验，从 Zeta 电位和絮凝形态角度来分析 TJ－F1 的絮凝机理。

4.2　材料与方法

4.2.1　主要试验材料

主要试验试剂有 TJ－F1、浓硫酸（98%）、苯酚、牛血清白蛋白、考马斯亮蓝、四硼酸钠、咔唑、乙醇、葡萄糖、蒽酮、D－氨基葡萄糖盐酸盐、乙酰丙酮、对二甲氨基苯甲醛、高岭土、$CaCl_2$、HCl 和 NaOH 等。除特别说明外，化学试剂均为分析纯级。

主要试验仪器及设备如表 4-1 所示。

表 4-1 主要仪器及设备

编号	仪器名称	型号	生产厂家
1	紫外-可见分光光度计	UV-1700	SHIMADZU
2	傅立叶红外光谱仪	NEXUS 912A0446	Thermo-Nicolet
3	扫描电镜(ESEM)	XL-30	PHILIPS
4	总有机碳分析仪	TOC-VCPN	SHIMADZU
5	凝胶过滤色谱	Lc-10ADVP	SHIMADZU
6	电子天平	AY120	SHIMADZU
7	数显 pH 计	雷磁 PHS-25	上海精科
8	Zeta 电位分析仪	Zetasizer Nano Z	英国马尔文仪器有限公司

4.2.2 TJ-F1 的提纯

按照有机溶剂提取法[84]，将 TJ-1 在优化培养基中的发酵液离心上清液用蒸馏水稀释 4 倍，在离心机中 4 000 r/min 下离心 30 min，用旋转蒸发器浓缩离心上清液至原体积的一半，加入 3 倍体积的 95%的乙醇，放置在冰箱中 4℃下 24 h 后，在离心机中 4 000 r/min 下离心 30 min。将沉淀重新溶于蒸馏水中，重复前面的步骤 2 次。再将沉淀用丙酮洗涤，乙醚洗涤，最后将其真空冷冻干燥，得到部分纯化的固态 MBF。

4.2.3 TJ-F1 的表征

对 TJ-F1 分别用紫外扫描、傅立叶红外扫描和总有机碳分析仪等进行表征，分析其化学结构与特性。

为确定 TJ－F1 的化学组成，进行如下试验。

（1）总糖含量：采用苯酚-硫酸法测定[201]。

（2）蛋白质含量：采用考马斯亮蓝 G－250 法测定[202]。

（3）葡萄糖醛酸含量：采用硫酸-咔唑法测定[201]。

（4）中性糖含量：采用硫酸-嗯酮法测定[201]。

（5）氨基糖含量：采用 Elson & Morgan 法测定[201]。

采用凝胶色谱法对 TJ－F1 的分子量进行测定。

4.2.4　絮凝实验

用 Zeta 电位分析仪分别测定高龄土悬液、$CaCl_2$（1%，w/v）、TJ－F1 的 Zeta 电位。从 Zeta 电位的角度分析 pH 值、1% $CaCl_2$ 和絮凝剂投加量对 TJ－F1 絮凝效果的影响；对高龄土、TJ－F1 和被 TJ－F1 絮凝后的高龄土的扫描电镜照片比较，分析 TJ－F1 的絮凝机理。

4.3　结果与讨论

4.3.1　TJ－F1 的提纯

按照有机溶剂提取法，从 TJ－1 的优化培养基发酵液离心上清液中提取 MBF，得到部分纯化的固态 TJ－F1。部分纯化的固态 MBF 呈白色，粉末状，产量为 1.33 g（絮凝剂）/L（发酵液）。

4.3.2　TJ－F1 的表征

采用 SHIMADZU UV－1700 紫外-可见分光光度计对 TJ－F1 进行紫外全波长扫描，结果见图 4－1。TJ－F1 在 200 nm 左右有强烈的吸收峰，表明多糖的含量可能较高；在 254 nm 处没有吸收峰，表明不含核酸类物

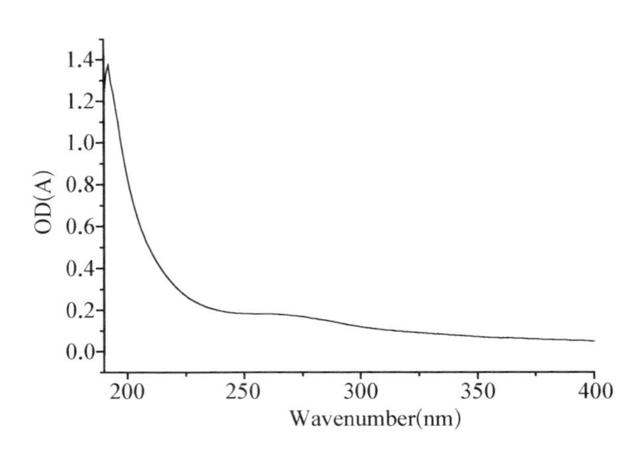

图 4-1　TJ-F1 紫外扫描

质；在 280 nm 处有较弱的吸收峰，表明含有少量的蛋白质。

对 TJ-F1 进行傅立叶红外光谱扫描，结果见图 4-2。从图中可以看出，3 400～3 200 cm^{-1}处强吸收峰为 O—H 和 N—H 的伸缩振动，氢键导致吸收峰很宽，O—H 可以作为判断有无醇类、酚类的或有机酸类的重要依据，N—H 是胺或酰胺存在的标志；2 900～2 800 cm^{-1}处弱吸收峰为饱和的 C—H 伸缩振动，可能含有 R_1CH_3 基、R_2CH_2 基或 R_3CH 基；2 100 cm^{-1}处弱吸收峰可能为—C═C═C、—C═C═O 等累积双键的不对称性伸缩振

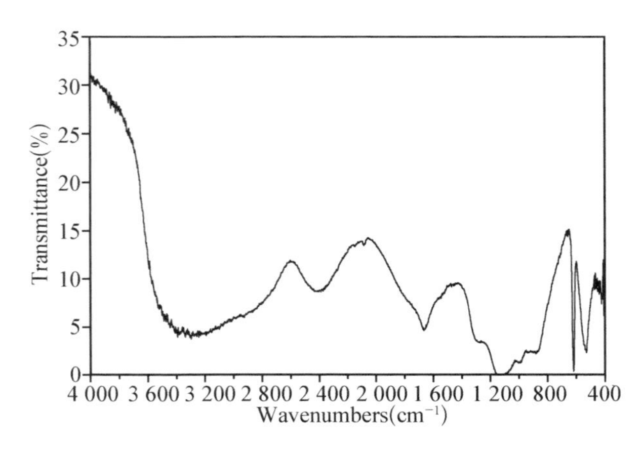

图 4-2　TJ-F1 红外扫描图

动；1 700 cm^{-1}处强吸收峰为C═O的伸缩振动；1 370 cm^{-1}处吸收峰为—NH_2的对称变形振动，表明有蛋白质类物质存在；1 300～1 000 cm^{-1}处吸收峰为羧基中C—O的伸缩振动，确定TJ－F1含有—COOH；600～500 cm^{-1}处两个强吸收峰是C—$(CH_2)_n$－（$n \geqslant 4$）的面外摇摆振动，表明有糖类物质存在。综合上述红外光谱特征，TJ－F1含有多糖和蛋白质类物质，主要功能基团包含O—H，—NH_2和—COOH等。

总有机碳分析仪的结果表明，TJ－F1中TC含量为33.27%，TOC含量为33.18%，TN含量为10.8%。

TJ－F1的化学成分分析结果如表4－2所示。

表4－2　TJ－F1主要化学成分

编　号	主要成分	含量(%)	糖　组　分	质量比
			中性糖	8.2
1	多糖	63.1	葡萄糖醛酸	5.3
			氨基糖	1.0
2	蛋白质	30.9	—	—

不同分子量的物质在凝胶过滤色谱柱中的停留时间不同。由标准分子量物质得出的标准曲线如式(4－1)所示。

$$\log(MW) = -0.358\,7T + 10.207\,8 \tag{4-1}$$

式中，MW为分子量；T为停留时间(min)。

根据式(4－1)和TJ－F1通过凝胶色谱柱的停留时间，得出其分子量为1.2×10^5 Da。由此可以看出TJ－F1为有机大分子物质。

4.3.3　Zeta电位分析

高龄土悬液（4 g/L）、$CaCl_2$（1%，w/v）、TJ－F1、加入3 mL $CaCl_2$

(1%，w/v)的 100 mL 高龄土悬液(4 g/L)、加入 2 mL TJ－F1 的 100 mL 高龄土悬液(4 g/L)和同时加入 3 mL $CaCl_2$(1%，w/v)与 2 mL TJ－F1 的 100 mL 高龄土悬液(4 g/L)的 Zeta 电位随静置时间的变化，如图 4－3 所示。从图中可以看出，各样品的 Zeta 电位随静置时间变化不大，各自稳定在一个范围内；高龄土的电负性较强，$CaCl_2$ 则基本呈电中性，TJ－F1 也带负电；加入 $CaCl_2$ 至中后，Ca^{2+} 能有效地中和掉高悬土的负电荷，降低其电负性；而加入 TJ－F1 后，高龄土悬液的电负性几乎增强了一倍；同时加入 $CaCl_2$ 和 TJ－F1 则能有效地降低 Zeta 电位。

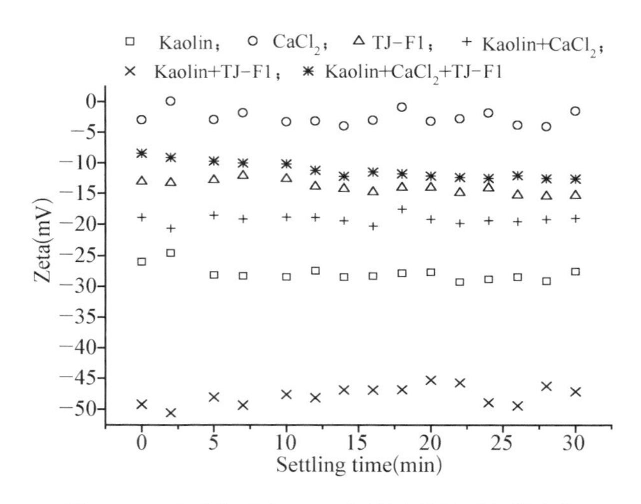

图 4－3　试验体系中 Zeta 电位随静置时间的变化

4.3.4　pH 对 TJ－F1 絮凝效果的影响

同时加入 3 mL $CaCl_2$(1%，w/v)与 2 mL TJ－F1 的 100 mL 高龄土悬液(4 g/L)，调节试验体系的 pH 值，研究 pH 对试验体系 Zeta 电位的影响，进而分析其对 TJ－F1 絮凝能力的影响，试验结果如图 4－4 所示。由图可知，在酸性条件下，试验体系的电负性 pH 值有所下降，但与只加 $CaCl_2$ 的情况相当，TJ－F1 絮凝能力较弱；而在弱碱性条件下，试验体系的电负性 pH 值开始迅速下降，TJ－F1 絮凝能力也似乎被激活，絮凝效果极佳；继续增强碱性，Zeta 电位也继续降低，但 TJ－F1 的絮凝效果变化不大。pH 值影响 TJ－F1 絮凝性能的原因可能是：TJ－F1 的主要成分是酸性多糖和蛋白质，分子量巨大，可以依靠范德华力吸附较多的悬浮颗粒，所以在酸性条件下，能表现出一定的絮凝能力；但酸性环境也会阻止功能基团—COOH的解离，TJ－F1 的吸附点减少，吸附架桥能力较弱；在碱性条件下，—COOH 解离成$—COO^-$，—OH 的数量也迅速增加，吸附点明显增多，絮凝能力有了质的提高。

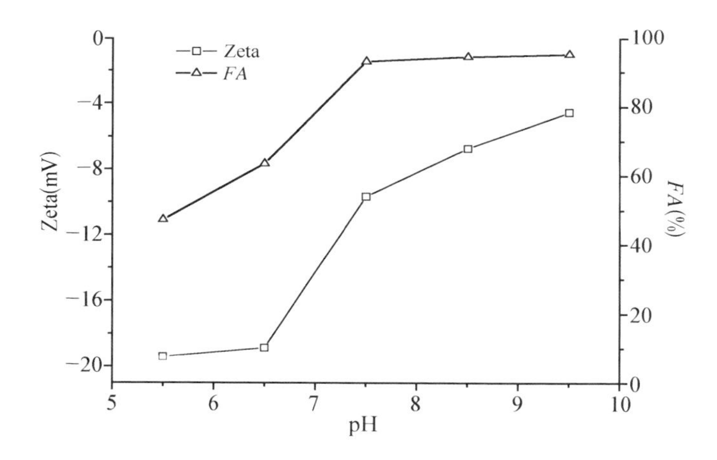

图 4－4　pH 对试验体系 Zeta 电位和 TJ－F1 絮凝效果的影响

4.3.5　$CaCl_2$对 TJ－F1 絮凝效果的影响

加入 2 mL 的 TJ－F1 的 100 mL 高龄土悬液（4 g/L），改变 $CaCl_2$（1%，w/v）的加入量，调节试验体系 pH 值为 7.5，研究对 $CaCl_2$对试验体系 Zeta 电位的影响，进而分析其对 TJ－F1 絮凝能力的影响，试验结果如图 4－5。在不加入 $CaCl_2$的情况下，试验体系的电负性非常强，悬浮颗粒之间的斥力很大，TJ－F1 只能吸附部分的颗粒；随着 $CaCl_2$剂量的增加，试验体系的电负性逐渐下降，TJ－F1 絮凝能力也逐渐增强；当 $CaCl_2$增加至 3 mL

时，试验体系的 Zeta 电位也降至接近电中性，TJ－F1 絮凝能力明显；继续增加其剂量，体系 Zeta 电位无明显变化，TJ－F1 的絮凝效果基本稳定。由此可以看出，$CaCl_2$在 TJ－F1 的絮凝过程中的主要作用是降低试验体系 Zeta 电位，减小悬浮颗粒的静电斥力，有利于 TJ－F1 通过范德华力对其进行大量吸附，促使絮凝效果显著提高。因此，$CaCl_2$是 TJ－F1 的良好助凝剂。

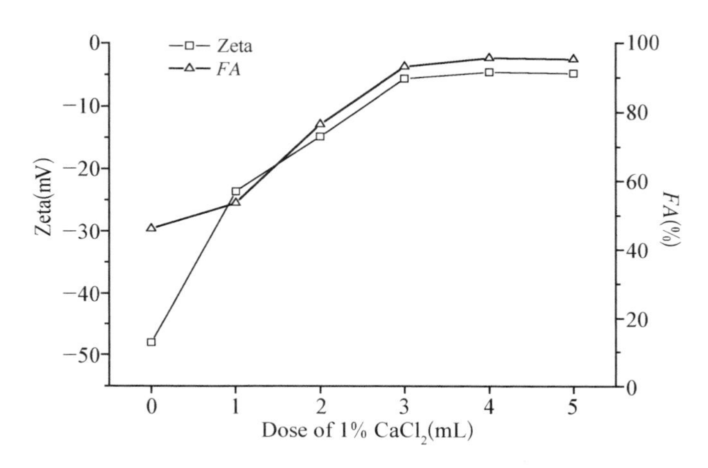

图 4－5　$CaCl_2$对试验体系 Zeta 电位和 TJ－F1 絮凝效果的影响

4.3.6　TJ－F1 的用量对絮凝效果的影响

加入 3 mL $CaCl_2$(1%，w/v)的 100 mL 高龄土悬液(4 g/L)，改变 TJ－F1 的加入量，调节试验体系 pH 值为 7.5，研究对 TJ－F1 对试验体系 Zeta 电位的影响，试验结果如图 4－6 所示。在不加或只加入少量 TJ－F1 的情况下，试验体系的电负性较强，悬浮颗粒之间的斥力很大，TJ－F1 只能吸附部分的颗粒；随着 TJ－F1 剂量的增加，试验体系的电负性逐渐下降，絮凝效果也逐渐变好；当 TJ－F1 投加量为 2 mL 时，试验体系的 Zeta 电位也降至接近电中性，絮凝效果极为明显；若继续增加其剂量，体系的电负性又开始恢复，絮凝效果也开始下降。合适的 TJ－F1 用量能取得很好的絮凝效果；但由于 TJ－F1 本身带有较强的负电荷，过量的 TJ－F1 将增加絮凝反

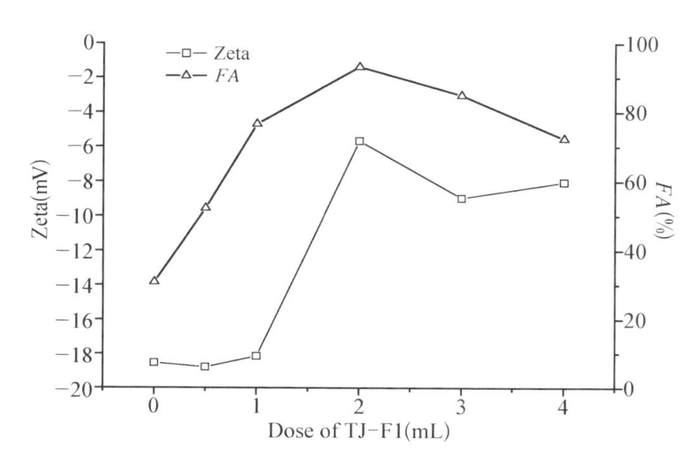

图 4 - 6　TJ - F1 对试验体系 Zeta 电位和絮凝效果的影响

应体系的电负性，小絮体之间的排斥力因此而增加，不能结合长大成大絮体，絮凝效果变差。

4.3.7　扫描电镜分析

为更直观地分析 TJ - F1 的絮凝机理，采用扫描电镜对纯化固态 TJ - F1、高龄土和经 TJ - F1 絮凝后的高龄土进行观察，结果如图 4 - 7 所示。从图 4 - 7 (a) 可以看出 TJ - F1 为线性晶体结构，长度达 3 μm，属于大分子物质；比较图 4 - 7(b)和图 4 - 7(c)可以明显看出，TJ - F1 将原本松散分开的高龄土颗粒紧密地凝结在一块，像一张厚实的网络一样从水中沉淀出

图 4 - 7　(a) 纯化固态 TJ - F1；(b) 高岭土；(c) 经 TJ - F1 絮凝后的高岭土

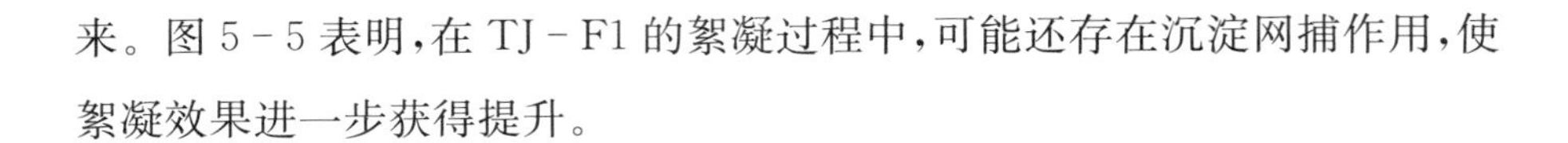

来。图 5-5 表明，在 TJ-F1 的絮凝过程中，可能还存在沉淀网捕作用，使絮凝效果进一步获得提升。

4.4 本章小结

(1) 采用有机溶剂提取法，对 TJ-F1 进行提取纯化。纯化的固态 TJ-F1 呈白色，粉末状，产率为 1.33 g(絮凝剂)/L(发酵液)。

(2) 采用多种分析检测手段对 TJ-F1 进行了化学表征。紫外扫描分析表明，TJ-F1 含有多糖和蛋白质，不含核酸；FTIR 扫描分析表明，TJ-F1 含有 O—H，N—H，C—H，C═C 和—COOH 等功能基团；总有机碳分析仪的测定结果表明，TJ-F1 中 TC 含量为 33.27%，TOC 含量为 33.18%，TN 含量为 10.8%；化学成分分析表明，TJ-F1 主要由多糖(63.1%)和蛋白质(30.9%)组成，多糖中的中性糖、葡萄糖醛酸和氨基糖的质量比为 8.2∶5.3∶1.0；凝胶色谱法分析表明，TJ-F1 的分子量为 1.2×10^5 Da，属于高分子物质。

(3) 通过高岭土悬液的絮凝试验，对 TJ-F1 的絮凝机理进行分析。TJ-F1 的高分子量使其能够通过范德华力对悬浮颗粒进行吸附；在碱性条件下，TJ-F1 中的—COOH 解离成—COO^-，—OH 的数量也迅速增加，有更多的吸附点，利于吸附架桥能力增强，絮凝效果更佳；$CaCl_2$ 能够有效降低 TJ-F1 絮凝体系的电负性，是 TJ-F1 发挥良好絮凝性能的助凝剂；在 TJ-F1 絮凝过程中，有沉淀网捕作用的存在，提升了 TJ-F1 的絮凝性能。

第5章 TJ－F1 应用于污泥脱水的研究①

5.1 本章引言

随着投入运行城市污水处理厂的数量增加，城市污水处理率不断提高，污泥膨胀和污泥处理等问题也日益突出，已经成为污水处理和环境治理中的新难题、新挑战。污泥膨胀会导致污水处理厂不能正常运行，出水质量恶化。随着污泥产量的迅猛增加，污泥处理已成为污水处理厂的沉重负担。据统计，从 1978 年到 2004 年，全国污水处理厂的污泥泥饼日产量从 150 t 增加到 33 000 t[203]；2006 年，全国污水厂的污泥饼产量已经达到了 3.5 万 t/日，其中 70％是弃置，20％是填埋，不到 10％的是通过堆肥、焚烧等技术处理[204]。

控制污泥膨胀的常用方法之一是：在曝气池的入口处投加硫酸铝、三氯化铁或高分子絮凝剂，改善、提高活性污泥的沉降性能。污泥脱水是污泥处理的关键步骤，常用投加絮凝剂的方法来改善污泥的脱水性能。目前，聚合氯化铝和聚丙烯酰胺等是污水处理厂使用较多的絮凝剂。但是这

① 本章部分研究成果已发表在《中国给水排水》上。

些絮凝剂具有毒性，它们的使用会威胁到人体健康，并产生二次污染[84]。随着 MBF 研究不断发展，其在污泥处理中的应用也开始受到关注。本章主要研究了 TJ－F1 对活性污泥沉降性能和脱水性能的改善，并分析了污泥脱水动力学过程。

5.2 材料与方法

5.2.1 主要试验材料

主要试验试剂有：液态 TJ－F1、聚合氯化铝（poly aluminum chloride，PAC）和聚丙烯酰胺（polyacrylamide，PAM），使用时均配制成浓度为 1 g/L 的溶液。

试验所用污泥有两种，均取自上海曲阳水质净化厂，如表 5－1 所示。一种是二沉池剩余污泥和初沉池污泥的混合污泥，用于污泥沉降试验；另一种是进脱水间的浓缩污泥，用作污泥过滤试验。

表 5－1 试验污泥

污泥类型	含水率	pH 值	温度(℃)	来　源
混合污泥	99.15%	6.48	18	上海曲阳水质净化厂
浓缩污泥	96.81%	6.23	16	上海曲阳水质净化厂

主要试验仪器及设备有烘箱、布氏漏斗和真空泵等。

5.2.2 污泥沉降试验

在装有 100 mL 混合污泥的 100 mL 量筒中分别加入一定量的 TJ－F1，然后来回上下翻转，直至混合均匀。将量筒竖放静置，记录不同时间下底部沉积污泥的体积，并以不加 TJ－F1 的空白样为对照。

5.2.3　污泥浓缩试验

将 50 mL 浓缩污泥加入到 200 mL 烧杯中，并调节 pH 值为 7.5；然后加入一定量的絮凝剂，搅拌约 1 min 使其混合均匀，再静置 5 min；接着倒入脱水装置的布氏漏斗中，开真空泵进行抽滤脱水，每隔 1 min 记录一次滤液体积。真空抽滤装置如图 5 - 1 所示。

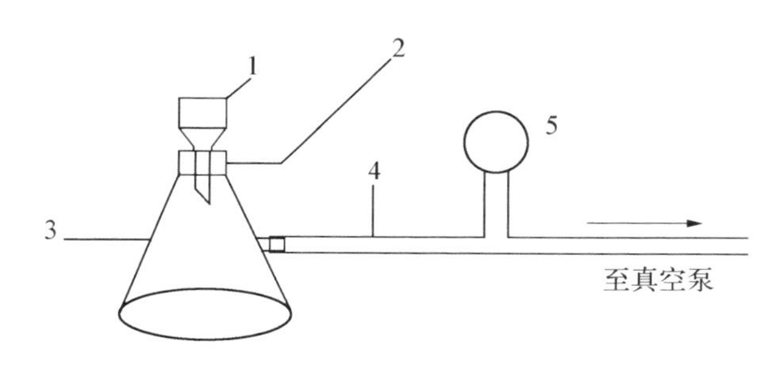

图 5 - 1　用于污泥脱水的真空抽滤装置

1—布氏漏斗；2—橡皮塞；3—抽滤瓶；4—橡胶管；5—真空表

5.3　结果与讨论

5.3.1　TJ - F1 对污泥沉降性能改善

将 100 mL 混合污泥倒入 100 mL 量筒内，分别投加 6 mL、7 mL、8 mL 和9 mL 的 TJ - F1，并以不加 TJ - F1 的作为对照；然后来回上下翻转量筒，直至药剂混合均匀。将量筒竖放静置，每隔 10 min 记录一次底部沉积污泥的体积，同时算出污泥沉降比 SV(30 min 污泥沉降比)，试验结果如图 5 - 2 和图 5 - 3 所示。

一定沉降时间内得到的底泥体积是比较污泥沉降性能的直观指标。由图 5 - 2 可以看出，沉降时间相同时，在研究的 MBF 投加量范围内，随着

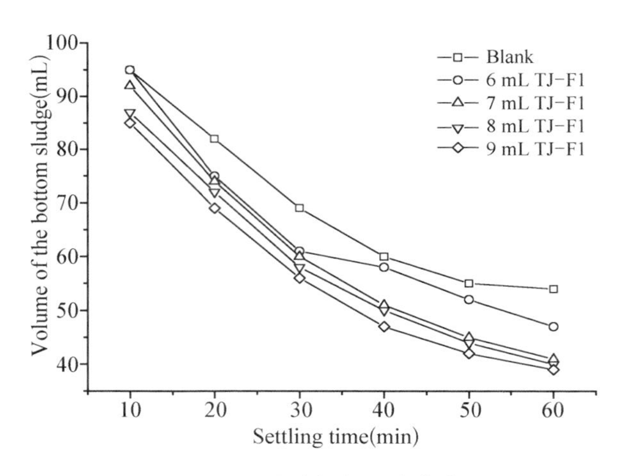

图 5-2　混合污泥沉降曲线

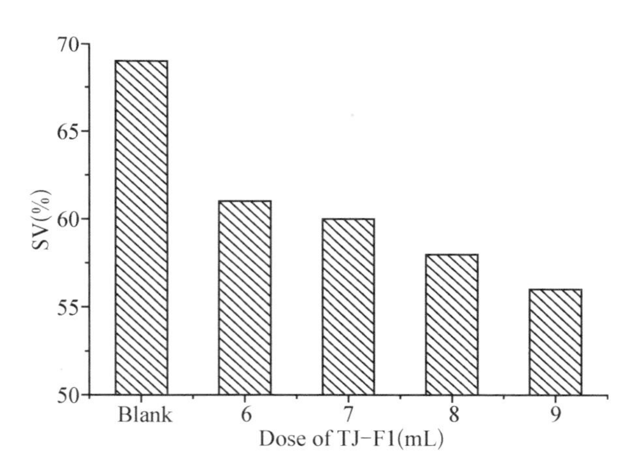

图 5-3　TJ-F1 对混合污泥 SV 的影响

MBF 的用量增加，底泥体积减小，表明污泥沉降速度加快。污泥沉降比 SV 也是比较污泥沉降性能的指标，由图 5-3 TJ-F1 的用量对 SV 的影响同样可以看出，随着 TJ-F1 用量增加，污泥沉降比 SV 逐渐变小，表明污泥沉降加快。由于污泥中的微细颗粒带同种电荷，互相排斥而使它们在水中能稳定分布，从而沉降性能差，加入 TJ-F1 后，通过吸附架桥作用使污泥形成大的絮体并沉降下来。

5.3.2　絮凝剂种类对污泥过滤性能的影响

将 50 mL 浓缩污泥加入到 200 mL 烧杯中，调节污泥的 pH 值为 7.5，分别加入 5 mL $CaCl_2$(1%，w/v)，5 mL TJ－F1，3 mL $CaCl_2$＋2 mL TJ－F1，5 mL PAC(1 g/L)和 5 mL PAM(1 g/L)，以不加任何试剂的作为对照。先快速搅拌 1 min，然后静置 5 min，接着倒入脱水装置的布氏漏斗中，开真空泵，抽滤脱水。每隔 1 min 记录一次滤液体积，结果如图 5－4 所示。

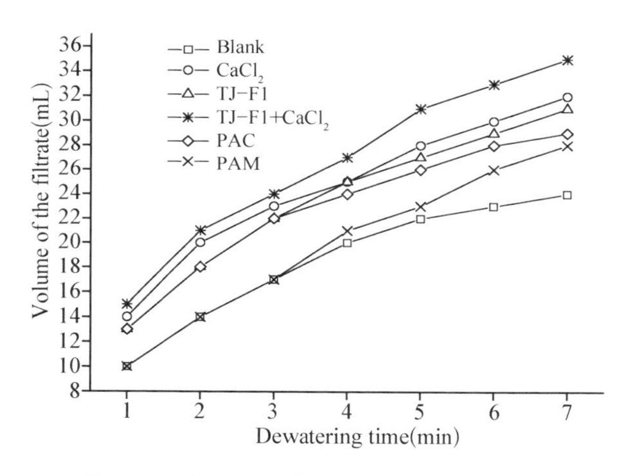

图 5－4　絮凝剂种类对污泥过滤性能的影响

在一定过滤时间内的滤液体积是比较污泥脱水效果的直观指标。滤液体积越大，则污泥滤饼的含水率越低，脱水效果越好。由图 5－4 可知，2 mL TJ－F1＋3 mL $CaCl_2$ 的滤液体积最大；滤液体积随过滤时间的延长而增大最快，比单独用 PAC 或 PAM 的脱水效果要好，为 MBF 替代 PAC、PAM 提供试验依据，从而减少 PAC 和 PAM 用量，减少环境污染，这具有重大的实际意义和应用价值。

污泥比阻 r 也是反映污泥脱水性能的综合指标，其物理意义是单位干重滤饼的阻力，r 越大的污泥，过滤越难，其脱水性能也越差。r 可由过滤方程推导：

$$r=\frac{2bpA^2}{\mu\times\rho_c} \tag{5-1}$$

式中，p 为真空度；A 为过滤面积；μ 为滤液的黏滞系数；ρ_c 为单位体积滤出液所得滤饼干重；b 为 $t/V-V$ 曲线的斜率。

对投加不同絮凝剂情况下的污泥比阻进行了测定，并与空白污泥的比阻进行了比较，试验结果如图 5-5 所示。由图 5-5 可以看出，当投加 2 mL TJ-F1 和 3mL $CaCl_2$ 时，污泥比阻 r 最小，表明此时污泥脱水性能越好；空白污泥时的 r 值最大，污泥过滤性能最差，这与图 5-4 所得的结果一致。

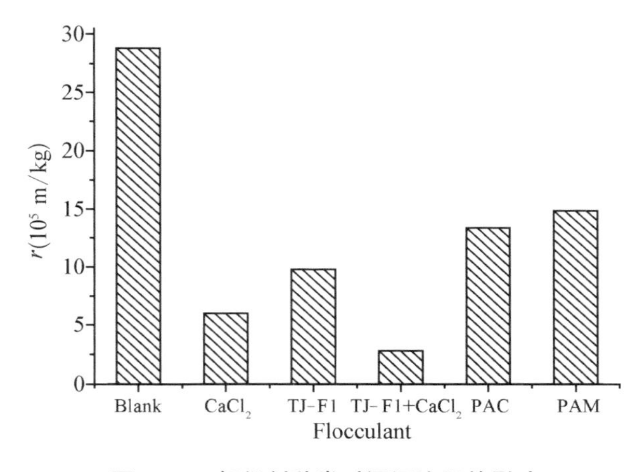

图 5-5　絮凝剂种类对污泥比阻的影响

5.3.3　pH 对污泥过滤性能的影响

取 50 mL 浓缩污泥加入到 200 mL 烧杯中，调节污泥初始 pH 值，分别调节为 5.0、6.0、7.0、7.5、8.0、9.0。分别加入 2 mL 的 MBF 和 3 mL 的 $CaCl_2$，快速搅拌 1 min，然后静置 5 min，再倒入脱水装置的布氏漏斗中抽滤，每隔 1 min 记录滤液体积。结果如图 5-6 所示。当污泥初始 pH 值为 7.5 时，滤液体积随时间增长最快，脱水效果最好。原因可能是，污泥颗粒

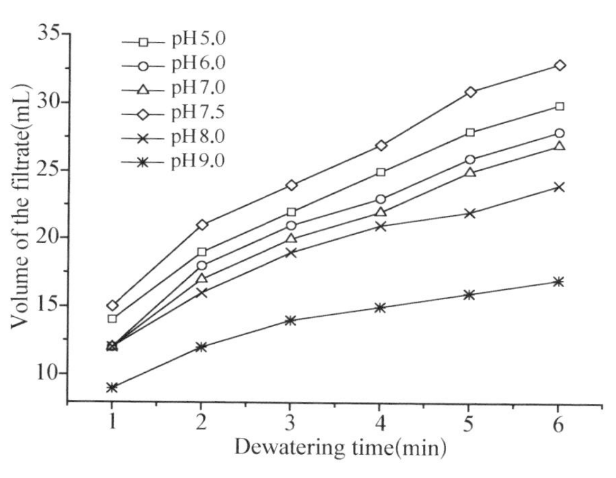

图 5－6　pH 对污泥过滤性能的影响

在弱碱性条件下易失稳，同时 TJ－F1 分子链也能充分伸展，有利于吸附架桥，使污泥形成大而致密的絮团，提高自由水的比例，从而加快脱水速度。

5.3.4　$CaCl_2$ 用量对污泥过滤性能的影响

取 50 mL 浓缩污泥于 200 mL 烧杯中，加入 MBF 的量均为 2 mL，改变 $CaCl_2$ 的用量，pH 值均调为最佳值 7.5，然后快速搅拌 1 min，再静置 5 min，倒入布氏漏斗中进行真空抽滤，每隔 1 min 记录滤液体积。结果如图 5－7

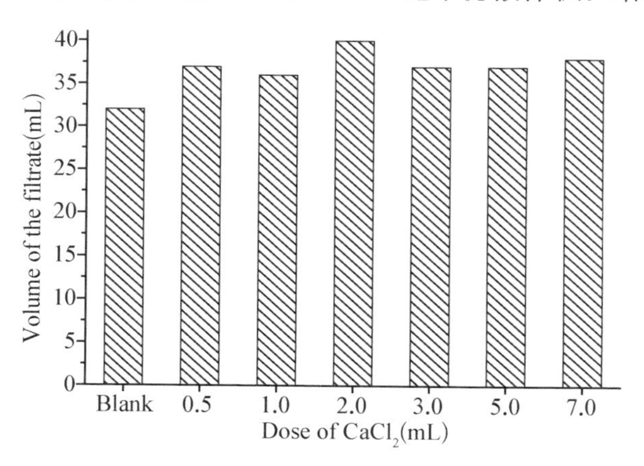

图 5－7　$CaCl_2$ 用量对污泥过滤性能的影响

所示。当$CaCl_2$的用量为2.0 mL时，一定过滤时间内，滤液体积最大，此时污泥脱水效果最好。$CaCl_2$是阳离子型电解质，作为TJ－F1的助凝剂与污泥发生电中和反应，当$CaCl_2$投加量不足时，有些污泥颗粒不能形成絮团；而当$CaCl_2$投加量过多时，会导致污泥颗粒因同种电荷排斥效应而重新稳定，脱水性能下降。

5.3.5 TJ－F1用量对污泥过滤性能的影响

取50 mL浓缩污泥于200 mL烧杯中，加入$CaCl_2$的量均为2 mL，改变TJ－F1的用量，pH值均调为最佳值7.5，然后快速搅拌1 min，再静置5 min，倒入布氏漏斗中进行真空抽滤，每隔1 min记录滤液体积，结果如图5－8所示。当MBF用量为2 mL时，一定过滤时间内，滤液体积最大，脱水效果最好。当TJ－F1的用量较少时，许多污泥颗粒不能被吸附架桥，仍然处于悬浮状态，表面水、间隙水和结合水不能转化，污泥脱水性能较差。当TJ－F1的用量过多时，TJ－F1与污泥颗粒形成的小絮团被TJ－F1分子包裹而带上了同种电荷，彼此之间的静电排斥力又重新变大，阻止小絮团结合形成大絮团，非自由水分也大部分藏在小絮团内，脱水性能下降。

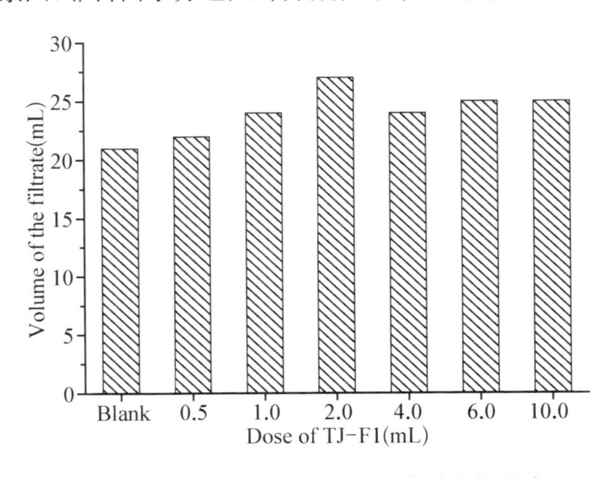

图5－8 TJ－F1用量对污泥过滤性能的影响

5.3.6　污泥脱水正交试验

在以上单因素试验的基础上，选择 pH 值、$CaCl_2$用量和 TJ－F1 用量 3 个因素进行正交试验，脱水率由处理后污泥的含水量除以处理前污泥的含水量计算得，结果见表 5－2。从正交表可以看出，极值 R 由大到小依次是 $CaCl_2$、pH 值和 TJ－F1，因而影响因素的重要性由大到小依次是 $CaCl_2$、pH 值和 TJ－F1。最佳污泥脱水条件为 pH6.5，1% $CaCl_2$用量为 2.0 mL（4%，w/v），TJ－F1 用量为 3.0 mL(6%，v/v)。在最佳条件下，通过试验得到过滤 5 min 后滤液体积为 40 mL，脱水率高达 82%。

表 5－2　MBF 进行污泥脱水正交试验表 $L_9(3^3)$

试验号	pH 值	$CaCl_2$(mL)	TJ－F1(mL)	滤液体积(mL)	脱水率(%)
1	6.5	1	1	33	68.32
2	6.5	2	2	38	78.68
3	6.5	3	3	37	76.61
4	7.5	1	2	32	66.25
5	7.5	2	3	39	80.75
6	7.5	3	1	35	72.47
7	8.5	1	3	31	64.18
8	8.5	2	1	34	70.39
9	8.5	3	2	35	72.47
K_1	2.236 1	1.987 5	2.132 6		
K_2	2.194 7	2.298 2	2.174		
K_3	2.070 4	2.215 5	2.215 4		
k_1	0.745 4	0.662 5	0.710 9		
k_2	0.731 6	0.766 1	0.724 7		
k_3	0.690 1	0.738 5	0.738 5		
R	0.165 7	0.310 7	0.082 8		

注：表中滤液体积均是在过滤 5 min 后测得。

5.3.7 污泥脱水动力学

取 50 mL 浓缩污泥，调节 pH 值为 6.5，向其中加入 3 mL TJ－F1 和 2 mL $CaCl_2$，快速搅拌 1 min，然后静置 5 min 后，倒入布氏漏斗中进行真空抽滤，每隔 1 min 记录滤液体积，结果如图 5－9 所示。

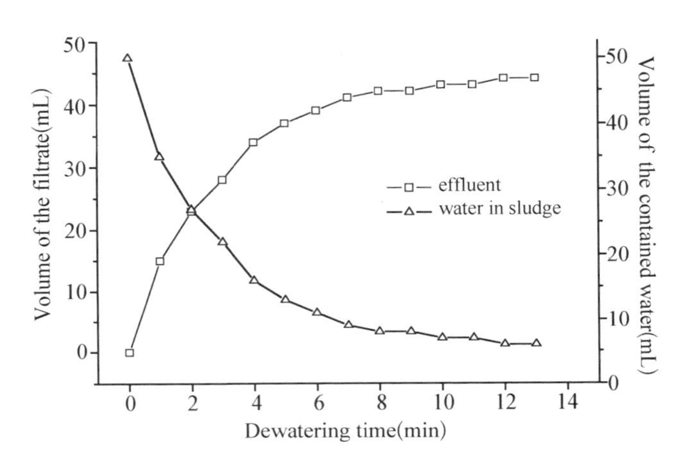

图 5－9　浓缩污泥(50 mL)脱水过程中滤液和含水量的变化

由图 5－9 可知，刚开始 5 min 内，含水量随时间增长变化很快，当过滤时间为 8 min 时，50 mL 浓缩污泥含水量已经趋于稳定，为 6 mL。从图 5－9 可以看出，含水量随时间变化类似于双曲线图形。因此，可以用以下方程对试验数据进行拟合[205]：

$$\frac{C_t}{C_0}=1-\frac{t}{a+bt} \tag{5-2}$$

即：

$$C_t=C_0\left(1-\frac{t}{a+bt}\right) \tag{5-3}$$

式中，t 表示过滤时间(min)；C_0 表示 50 mL 浓缩污泥的含水量(mL)；C_t 表示 50 mL 浓缩污泥经过过滤时间 t 后的含水量(mL)；a，b 表示拟合参数。

对方程(5－3)进行变换可以得到：

$$\frac{1}{1-\frac{C_t}{C_0}}=\frac{a}{t}+b \tag{5-4}$$

而 $\left(1-\frac{C_t}{C_0}\right)$ 即表示脱水率 η，也即：$\frac{1}{\eta}=\frac{a}{t}+b$。将 $\frac{1}{\eta}$ 和 $\frac{1}{t}$ 进行线性拟合，分别求得拟合参数 a 和 b，拟合结果见图 5－10。

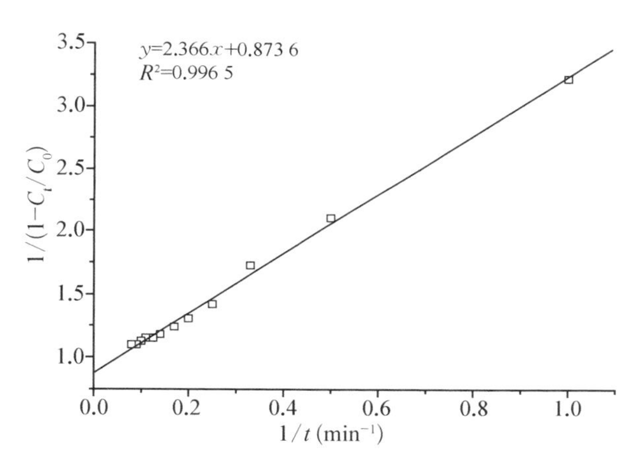

图 5－10　$1/(1-C_t/C_0)$ 与 $1/t$ 的关系

由图 5－10 可以看出，用方程(5－4)拟合的污泥脱水动力学曲线的相关系数 R^2 为 0.996 5，表明用双曲线拟合污泥脱水试验中滤液体积的试验数据是可靠的。由图 5－10 可知，$a=2.366$，$b=0.873\ 6$，将 a 和 b 带入式(5－4)中可以得到污泥在最佳条件下的脱水动力学方程为：

$$C_t=C_0\left(1-\frac{t}{0.873\ 6t+2.366}\right) \tag{5-5}$$

根据方程(5－5)，经 TJ－F1 处理后，浓缩污泥中的水分降为一半所需脱水时间仅为 2 min。

5.3.8　TJ－F1 与 PAM、PAC 的复配使用

TJ－F1 与 PAM 的体积配比分别选为 5∶0、4∶1、3∶2、2∶3、1∶4、

0：5；TJ－F1 与 PAC 的体积配比也分别选为 5：0、4：1、3：2、2：3、1：4、0：5。将 5 mL 絮凝剂加入到 50 mL 浓缩污泥（pH7.5）中，然后快速搅拌 1 min，再静置 5 min，倒入布氏漏斗中进行真空抽滤，测得过滤 5 min 后的滤液体积，结果如图 5－11 所示。

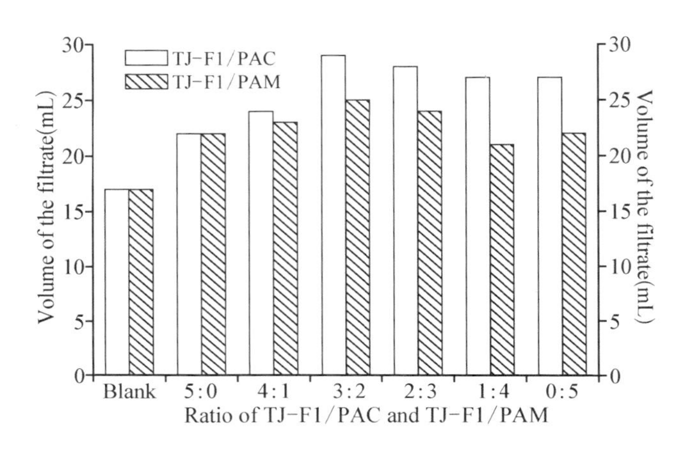

图 5－11　TJ－F1 与 PAC 和 PAM 不同配比条件下的滤液体积变化

由图 5－11 可知，经过相同的过滤时间，对 TJ－F1：PAC 来说，最佳配比为 3：2，此时滤液体积最大，脱水效果最好，比单独用 PAC 的脱水效果要好；对于 TJ－F1：PAM 来说，最佳配比为 3：2，此时滤液体积最大，脱水效果最好，比单独用 PAM 的脱水效果要好。

目前多数污水厂采用 PAC 或 PAM 来进行污泥脱水，但这些絮凝剂存在二次污染问题，通过以上试验表明，MBF 可以和 PAM、PAC 复合，减少 PAM、PAC 投加量，从而减少环境污染，这具有重大的现实意义和应用价值。

5.4　本章小结

（1）TJ－F1 能够有效改善污泥沉降性能，加速泥水分离，增强泥水分离效果，可应用于解决活性污泥膨胀问题。

（2）对TJ－F1用于污泥脱水的工艺条件进行了优化。取50 mL浓缩污泥，调节pH值为6.5，向其中加入3 mL TJ－F1和2 mL $CaCl_2$，快速搅拌1 min，然后静置5 min后，倒入布氏漏斗中进行真空抽滤，5 min后，污泥脱水率82％，效果优于PAC和PAM。

（3）在优化条件下，TJ－F1对浓缩污泥的脱水动力学可以用双曲线方程拟合。根据拟合的动力学方程，经TJ－F1处理后，浓缩污泥中的水分降为一半所需脱水时间仅为2 min。

（4）TJ－F1对污泥的处理效果优于PAC和PAM，也可以与它们进行复配使用，实现取代或部分取代PAC、PAM，对于提高污泥处理效果、减少二次污染均有重要意义。

第6章

TJ－F1应用于染料吸附的研究①

6.1 本章引言

染料被广泛应用于各种工业生产中，如纺织、造纸、印染、化妆品、塑料和橡胶等[206,207]。常用染料一般通过化学合成获得，具有结构复杂、难降解等特点[206]。据统计，全世界染料年产量在超过 7×10^5 吨，其中有10%～15%来自纺织业[208]。即使是少量的染料也能使大面积水体变色，不仅影响到水体的美观效果，而且降低光的穿透能力，影响植物光合作用的进发[209,210]。此外，许多染料有“三致”效应，对生物和人类健康构成严重威胁[209,210]。因此，许多国家都要求对染料废水必须先处理再排放[208,211]。

由于生物法对染料废水的处理效果不理想，各种物理、化学方法，像吸附、臭氧氧化、化学沉淀等常被用于染料废水处理[211,212]。由于臭氧氧化法和化学沉淀法的初期费用和运行成本较高，吸附法成为应用最广的处理方法[213]。当前最常用和有效的吸附剂是活性炭，不过其再生成本仍然较

① 本章部分研究成果已发表在 *Journal of Hazardous Materials* 上。

高[214]。所以，开发吸附效果好、成本较低的吸附剂已经成为研究热点之一。

近年来，生物吸附剂用于染料废水处理逐渐受到关注[214]。生物吸附可定义为使用天然生物材料对污染物质进行吸附[215]。许多生物材料，如米糠、树皮、橘皮和微生物细胞等均可用作生物吸附剂[216-221]。MBF 作为一种天然有机高分子物质，也已有将其应用于重金属离子吸附的报道。Jang 等[222]发现主要成分为糖类和蛋白质的 MBF 能够去除 Cu^{2+} 、Pb^{2+} 和 Ni^{2+} 等。Guibaud 等[223]也发现 MBF 对 Pb^{2+} 和 Ni^{2+} 有很强的吸附能力。这些研究表明 MBF 用作生物吸附剂是可行的。

本章研究了 TJ - F1 对染料的吸附特征，并对吸附机理进行了分析。选择的染料为阳离子艳蓝 RL，它是当前使用较广的一种染料，但同时也存在着较大的毒性，排放到环境中会危害人体健康和环境安全。

6.2　试验材料与方法

6.2.1　主要试验材料

主要试验试剂为 TJ - F1 和阳离子艳蓝 RL。阳离子艳蓝 RL 结构式如图 6 - 1 所示。

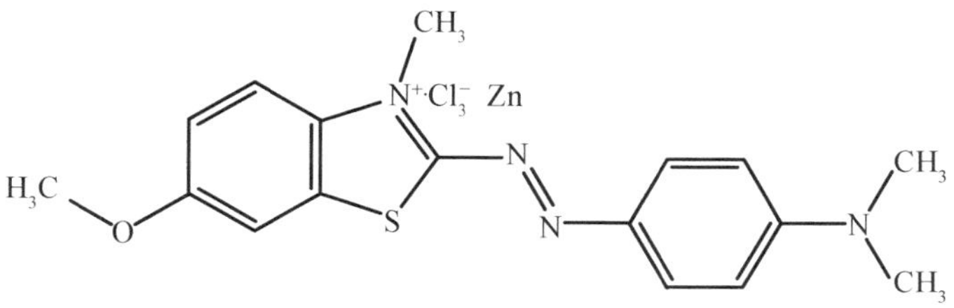

图 6 - 1　阳离子艳蓝 RL 的结构式

主要试验仪器及设备如表 6 - 1 所示。

表 6-1 主要试验仪器及设备

编 号	仪 器 名 称	型 号	生 产 厂 家
1	紫外-可见分光光度计	UV-1700	SHIMADZU
2	傅立叶红外光谱仪	NEXUS 912A0446	Thermo-Nicolet
3	扫描电镜(ESEM)	XL-30	PHILIPS

6.2.2 染料吸附试验

通过紫外-可见分光光度计对阳离子艳蓝 RL 进行全波长扫描，找出其吸收峰波长。以染料溶液试样在吸收峰波长下的吸光度的变化来反映脱色效果，为 TJ-F1 吸附阳离子艳蓝 RL 试验做准备。

将阳离子艳蓝 RL 用蒸馏水溶解配成浓度为 1 000 mg/L 的溶液，然后将其稀释成 400 mg/L、100 mg/L 和 50 mg/L 等系列浓度备用。

通过考察 pH 值、初始染料浓度、温度等因素对 TJ-F1 吸附阳离子艳蓝 RL 的影响，研究 TJ-F1 的吸附性能。

将 5 mL 的 TJ-F1 加入到 150 mL 三角烧瓶装的 20 mL 染料溶液中，用 HCl(1%，w/v)和 NaOH(1%，w/v)调节 pH 值，分别调节至 2.0、4.0、6.0、8.0、10.0、12.0 和 13.0。然后将三角烧瓶放入恒温振荡培养箱中，设定转速为 130 r/min，温度 25℃。每隔一定时间将三角烧瓶取出，将发酵液在 4 000 r/min 条件下离心 20 min，然后取离心上清液，用紫外-可见分光光度计测 602 nm(吸收峰值波长)波长下的吸光度 OD_{602}，找出 TJ-F1 吸附阳离子艳蓝 RL 的最佳 pH 值。

吸附到 MBF 上的阳离子艳蓝 RL 浓度 q_t(mg/L)能通过质量平衡方程算出[224]：

$$q_t = \frac{C_0 V - C_t (V + V_0)}{V_0} \tag{6-1}$$

式中，C_0 为初始染料浓度（mg/L）；C_t 为吸附 t 时间后的染料浓度（mg/L）；V 为染料溶液体积（mL）；V_0 是生物吸附剂的体积（mL）。当吸附达到平衡时，染料浓度为 C_e（mg/L）。

在最佳 pH 值条件下，调整初始染料浓度为 50 mg/L、100 mg/L 及 400 mg/L。研究 TJ－F1 在不同初始染料浓度下的吸附行为，分析其吸附动力学。

在最佳 pH 值下和染料初始浓度为 100 mg/L 的条件下，分别将吸附温度设为 25℃、35℃和 45℃，研究 TJ－F1 在不同温度下的吸附行为，分析其吸附等温线和吸附热力学。

6.3　结果与讨论

6.3.1　染料全波长扫描

紫外-可见分光光度计对阳离子艳蓝 RL 的全波长扫描结果如图 6－2 所示。从图中可以看出，该染料在 602 nm 波长下出现了吸收峰值。因此，

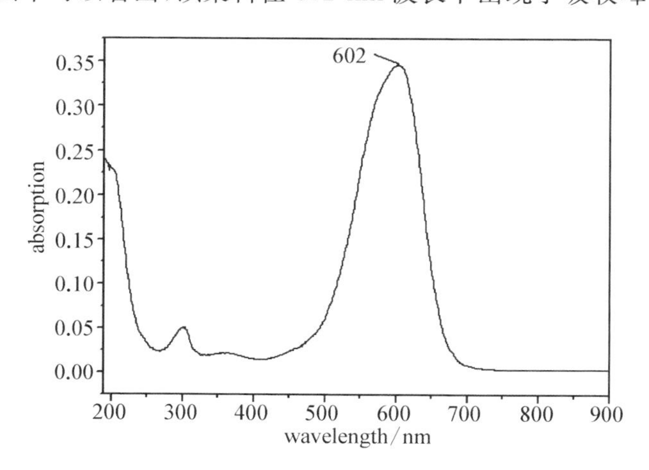

图 6－2　阳离子艳蓝 RL 的全波长吸光度曲线

以 602 nm 波长下的吸光度值变化来反映阳离子艳蓝 RL 的色度去除效果。

6.3.2 pH 对 TJ－F1 吸附染料的影响

pH 是影响吸附行为的一个重要因素。图 6－3 显示了不同 pH 条件下，TJ－F1 对阳离子艳蓝 RL 溶液达到吸附平衡后溶液中的残留染料浓度。随着 pH 值从 2.0 提高到 12.0，TJ－F1 对染料的吸附能力也迅速提高，C_e越变越小；当 pH 值大于 12.0 时，C_e已超出检测限，脱色效果极佳。原因可能有如下几方面：在低 pH 值条件下，一方面 TJ－F1 的吸附点比较少，吸附性能受到抵制；另一方面，H^+ 浓度较高，与阳离子染料在 TJ－F1 的吸附过程中形成竞争关系，并占据了较多的吸附点，导致 TJ－F1 对染料的吸附性能下降。当 pH 值较高时，TJ－F1 的表面吸附点增加，吸附性能大大提高；同时 OH^- 浓度的提高加强溶液的电负性，有利于其对阳离子染料的吸附。pH 值为 12.0 时，TJ－F1 对染料的吸附性能已非常好；继续提高 pH 值，对吸附性能的提高不是很明显，且需要消耗较多的 NaOH。基于以上原因，后面的试验在 pH 值 12.0 的条件下进行。

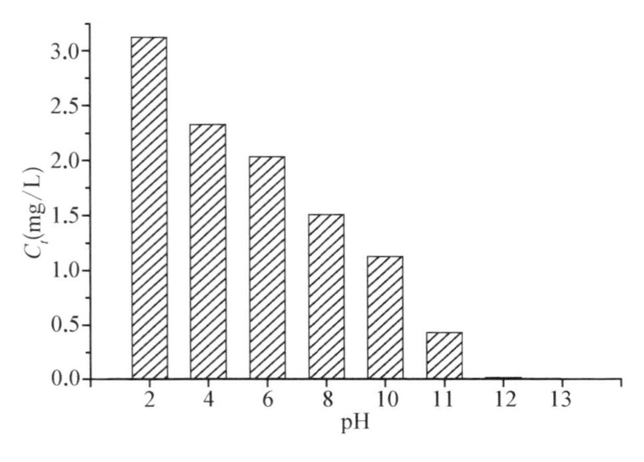

图 6－3　pH 对 TJ－F1 吸附染料的影响

6.3.3　吸附动力学研究

至今已有众多动力学模型用来检验吸附过程的控制机理，然而伪二级动力学模型仍被认为是最合适的[78]，可以用式(6－2)来表示[208]：

$$\frac{t}{q_t}=\frac{1}{k_2 q_e^2}+\frac{1}{q_e}t \tag{6-2}$$

式中，q_e(mg/g)为吸附平衡时所吸附的染料量；k_2为吸附动力学常数。

初始染料浓度分别设为 50 mg/L、100 mg/L 和 400 mg/L，调节 pH 值至 12.0，研究 TJ－F1 对阳离子艳蓝 RL 的吸附过程，如图 6－4 所示。从该图中可以看出，在 3 个不同初始染料浓度条件下，在吸附过程的前 5 分钟内，TJ－F1 对染料的吸附速度均非常快，吸附量大，是吸附发生的主要阶段；之后，均吸附速率放缓，吸附逐渐接近平衡状态。提高初始染料浓度可以提高 TJ－F1 对染料的吸附量，初始染料浓度为 500 mg/L时，TJ－F1 的平衡吸附量仅为 140.7 mg/g，而当初始染料浓度为 400 mg/L，TJ－F1 的平衡吸附量高达 1 200.2 mg/g。这表明，初始染料浓度是 TJ－F1 吸附更多染料的强大推动力，较高的初始浓度有利于其吸附性能

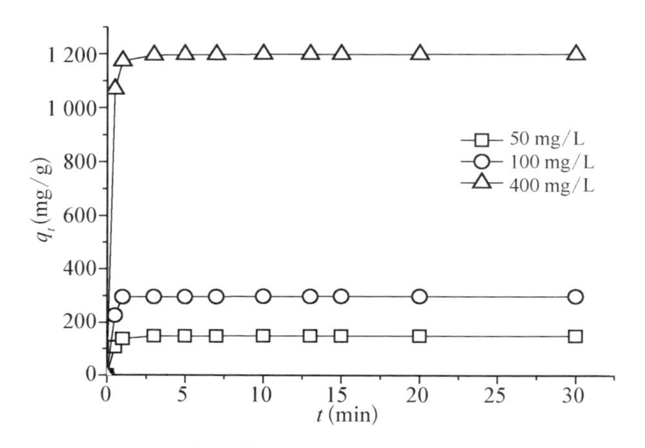

图 6－4　不同初始染料浓度下 TJ－F1 的吸附染料过程

的提高。

根据式(6-2)，对不初始染料浓度条件下的 TJ-F1 吸附染料过程进行线性拟合，如图 6-5 和表 6-2 所示。从表 6-2 可以看出，对于所研究的浓度值和温度，通过二级动力学模型得到的相关系数均为 1.000；TJ-F1 的理论吸附量 $q_{e,cal}$ 的值和试验吸附量 $q_{e,exp}$ 的值相当接近，表明 TJ-F1 吸附阳离子艳蓝 RL 的过程符合伪二级动力学模型。

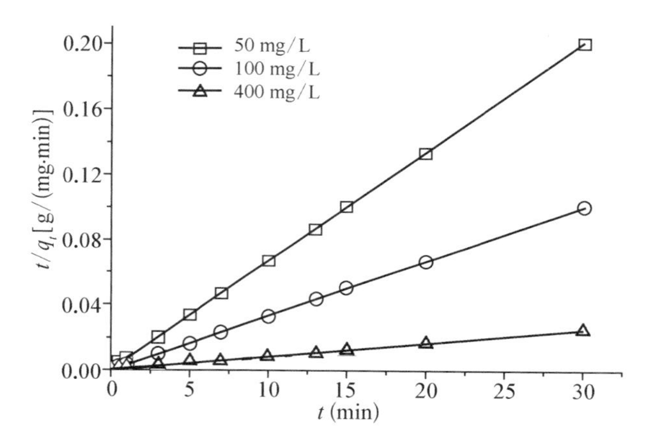

图 6-5　t/q_t 与 t 的线性关系

表 6-2　不同初始染料浓度下阳离子艳蓝 RL 的二级动力学方程参数

C_0(mg/L)	$q_{e,exp}$(mg/g)	k_2[g/(mg·min)]	$q_{e,cal}$(mg/g)	R^2
50	149.7	0.089 78	149.3	1.000
100	299.4	0.054 45	303.0	1.000
400	1 200.2	0.032 00	1 250.0	1.000

6.3.4　温度的影响

分别整吸附温度为 25℃、35℃和 45℃，将 5 mL 的 TJ-F1 加入到 20 mL 阳离子艳蓝 RL 溶液中，pH 值为 12.0，研究其在不同温度下的吸附行为。同一温度下，TJ-F1 对不同对不初始染料浓度有不同的平衡吸附量，分别用 Langmuir 和 Freundlich 等温吸附模型对试验数据进行线性拟合。

Langmuir 等温吸附模型如式(6-3)所示[208]：

$$\frac{1}{q_e}=\frac{1}{q_{max}}+\left(\frac{1}{q_{max}K_L}\right)\frac{1}{C_e} \tag{6-3}$$

式中，q_e为吸附剂平衡吸附容量，mg/L；q_{max}为吸附剂单层饱和吸附容量，mg/L；K_L为 Langmuir 常数，L/mg；C_e为吸附达到平衡时溶液中染料浓度，mg/L。

Freundlich 等温吸附模型如式(6-4)所示[208]：

$$\ln q_e=\ln K_F+\frac{1}{n}\ln C_e \tag{6-4}$$

式中，$K_F(L/mg)^{1/n}$和n均为 Freundlich 等温吸附常数，K_F表示吸附程度；n表示溶液中染料浓度与吸附剂吸附量的线性程度。

线性拟合的结果如表6-3、图6-6和图6-7所示。从表6-3中可知，TJ-F1对阳离子艳蓝 RL 的吸附符合 Langmuir 和 Freundlich 等温吸附模型。从图6-6和图6-7可知，TJ-F1在常温下的吸附性能很好，升高温度后 TJ-F1的平衡吸附量反而下降，这说明 TJ-F1对阳离子艳蓝 RL 的吸附为放热反应。

表6-3 TJ-F1在各温度下吸附过程的 Langmuir 和 Freundlich 拟合

T (℃)	Langmuir model			Freundlich model		
	q_{max}(g/g)	K_L(L/mg)	R^2	$K_F(L/mg)^{1/n}$	n	R^2
25	2.005	0.419 4	0.964 6	668.7	1.043	0.913 3
35	0.748 2	4.739	0.924 3	842.5	1.627	0.883 7
45	0.870 1	5.721	0.971 4	993.0	1.764	0.928 2

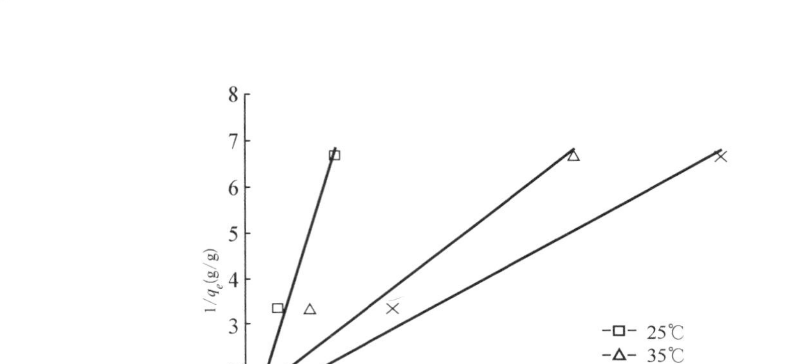

图 6－6　TJ－F1 在各温度下吸附过程的 Langmuir 拟合

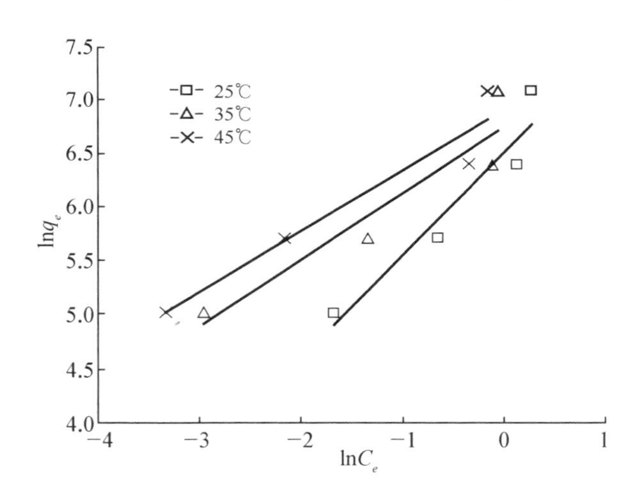

图 6－7　TJ－F1 在各温度下吸附过程的 Freundlich 拟合

6.3.5　吸附机理研究

1. 扫描电镜分析

用扫描电镜对 TJ－F1、阳离子艳蓝 RL 和吸附阳离子艳蓝 RL 后的 TJ－F1进行观察，如图 6－8 所示。阳离子艳蓝 RL 原本分布散落，有被 TJ－F1吸附后则紧密地结合在一起，并将 TJ－F1 包裹起来。这说明

(a)

(b)

图6-8　阳离子艳蓝RL吸附前(a)和吸附后(b)的扫描电镜图

TJ-F1对阳离子艳蓝RL有极强的吸附能力，能够有效地将其吸附在表面，并从水中分离出来，从而试验水溶液脱色的目的。

2. 傅立叶红外扫描分析

对TJ-F1、阳离子艳蓝RL和吸附阳离子艳蓝RL后的TJ-F1进行傅立叶红外扫描，结果如图6-9所示。结合4.3.3的分析，比较3条曲线的吸收峰特征变化：曲线(3)中3 450 cm^{-1}处强吸收峰是N—H(缔合)的伸缩振动，2 800 cm^{-1}处弱吸收峰为C—H(饱和)伸缩振动，表明TJ-F1中的大部分O—H和氢键参与吸附阳离子艳蓝RL后消失，N—H(缔合)和C—H(饱和)对吸附作用贡献不大，它们的吸收峰因没有了O—H和氢键伸缩振动的干扰而变得窄且清晰；1 700 cm^{-1}处吸收峰偏移至1 600 cm^{-1}，1 300～1 000 cm^{-1}处吸收峰明显减弱，说明TJ-F1中的—COOH参与了吸附阳离子艳蓝RL，其中的C═O和C—O伸缩振动发生了变化；与曲线(2)相比，曲线(3)在指纹区的吸收峰除强度有所减弱外，位置基本一致，表明TJ-F1表面布满了被吸附的阳离子艳蓝RL。因此，TJ-F1对阳离子艳蓝RL的良好吸附效果主要是通过其中含有的大量O—H、—COOH和氢键等功能基团来实现的。

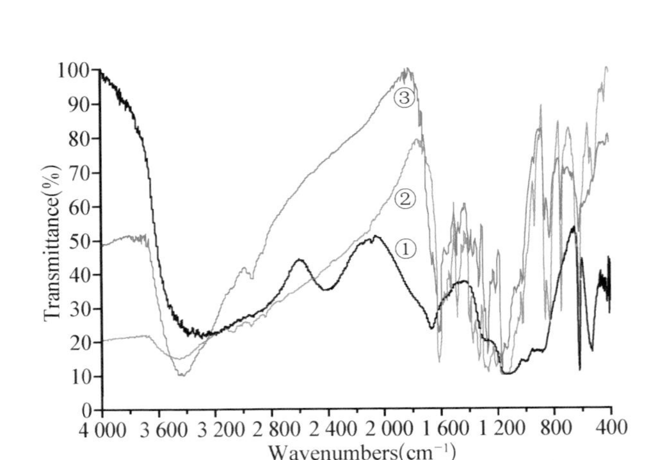

图 6-9 FTIR 分析：① TJ-F1；② 阳离子艳蓝 RL；③ 吸附了阳离子艳蓝 RL 的 TJ-F1

6.4 本章小结

(1) TJ-F1 是一种良好的新型染料吸附剂，具有吸附容量大、速度快等优点。TJ-F1 对染料的吸附速度快，吸附过程能在 5 分钟内基本完成；初始染料浓度是 TJ-F1 吸附更多染料的强大推动力，较高的初始浓度有利于其吸附性能的提高；TJ-F1 对染料的吸附容量大，试验吸附容量可达 1 200 mg/g。

(2) 碱性条件有利于 TJ-F1 发挥其良好的吸附性能。其对染料的吸附能力随 pH 值的升高而增强，当 pH 值较高时，TJ-F1 的表面吸附点增加，吸附性能大大提高；同时 OH^- 浓度的提高加强溶液的电负性，有利于其对阳离子染料的吸附。

(3) TJ-F1 对阳离子艳蓝 RL 的吸附动力学可用伪二级动力学方程拟合；吸附等温线符合 Langmuir 和 Freundlich 等温吸附模型；其对阳离子

艳蓝 RL 的吸附为放热反应，在常温下的吸附性能很好，升高温度会使平衡吸附容量下降。

(4) 扫描电镜照片表明 TJ-F1 能将分散的阳离子艳蓝 RL 紧密地吸附在自身表面，并从水中分离出来；傅立叶红外扫描结果表明 TJ-F1 中的大部分 O—H 和氢键因参与吸附阳离子艳蓝 RL 后消失，N—H(缔合)和 C—H(饱和)对吸附作用贡献不大，—COOH 因参与吸附阳离子艳蓝 RL 而位置发生偏移、处吸收峰减弱。因此，TJ-F1 对阳离子艳蓝 RL 的良好吸附效果主要是通过其中含有的大量 O—H、—COOH 和氢键等功能基团来实现的。

第7章 TJ-1产MBF的替代培养基研究

7.1 本章引言

目前MBF产生菌的研究多采用价格昂贵的培养基。例如，在红平红球菌（*Rhodococcus erythropolis* S-1）的培养基中，作为氮源的酵母膏约占到其总培养成本的80%[58]。鉴于目前国内外的研究现状，选用廉价物质来培养MBF产生菌，以降低培养成本，对于MBF的工业化生产与应用具有重要意义。

Kurane在他的一篇专利中，介绍了如何用乙醇作为红平红球菌的碳源来产生MBF[58]。以乙醇为碳源产生的MBF同以果糖和葡萄糖为碳源产生的MBF一样，能絮凝高岭土、酸性土壤、碱性土壤以及墨水等。乙醇容易得到、容易处理且价格低廉，是较为满意的碳源替代品。另外，Kurane还发现罐头制品厂产生的含鱼血废物可作为该菌产生MBF的碳源，但是尚不清楚是鱼血中哪一种成分起的作用[56]。

现在已经发现几种MBF产生菌可降解自然界中或人工合成的高分子物质。例如，红平红球菌可降解塑料生产中的酞酚酯，同时还能产生MBF；解烃棒杆菌（*Corynebacterium hydrocarboclastus*）可以利用煤油生长并产生MBF。将MBF产生菌用于污水生化处理系统，针对不同污水采用特定的 MBF 产生菌，可在降解有机物的同时，使悬浮物凝聚沉淀，这是其他类型絮凝剂所无法比拟的[225]。

针对 TJ－1 培养基成本较高的问题，本章根据培养基的组成特点，选取多种含营养物质比较丰富的工业废水代替培养基中的碳源或氮源，为 TJ－1 找到一种廉价有效的培养基，实现在处理工业废水的同时产生 MBF。

7.2　材料与方法

7.2.1　主要试验材料

选取以下几种含营养物质比较丰富且无毒无害的有机废水作为 TJ－1 的营养源。它们的水质特点及来源如表 7－1 所示。

表 7－1　试验中使用的有机废水

水　样	pH 值	COD_{Cr}(mg/L)	NH_4^+—N (mg/L)	来　　源
奶糖废水	6.44	2 800	0.43	上海市冠生园集团大白兔奶糖公司
洗蜂蜜桶水	5.67	10 400	7.61	上海市冠生园集团冠生园蜂蜜厂
一次淘米水	5.56	1 760	2.56	同济大学西苑食堂
豆浆废水	5.22	34 400	19.18	上海市清美豆浆厂

试验中所用到的主要试验仪器及设备如表 7－2 所示。

表 7－2　主要试验仪器及设备

编号	仪　器　名　称	型　号	生　产　厂　家
1	生化培养箱	SPX－150B	上海跃进医疗器械厂
2	全温度振荡培养箱	HZQ－F160	太仓市华美生化仪器厂

续 表

编号	仪 器 名 称	型 号	生 产 厂 家
3	立式自动电热压力蒸汽灭菌器	LDZX-40CI	上海申安公司
4	电热恒温鼓风干燥箱	DHG-9140	上海精宏试验设备公司
5	紫外-可见分光光度计	UV-1700	SHIMADZU
6	立式万用电炉	—	上海圣欣科学仪器公司
7	高速离心机	—	国华电器有限公司
8	数显 pH 值计	雷磁 PHS-25	上海精科
9	电子天平	AY120	SHIMADZU
10	冰箱	BCD-196G	新飞电器

7.2.2 试验内容

奶糖废水和洗蜂蜜桶水含有丰富的糖分，一次淘米水含有较多的淀粉，故用这 3 种废水分别代替优化培养基中的葡萄糖作为碳源，按 2%的接种量将 TJ-1 的种子液接种至新鲜替代培养基中，并在摇床内(25℃，130 r/min)培养 48 h，测定发酵液离心上清液的絮凝活性。豆浆废水含有丰富的蛋白质成分，用它代替优化培养基中的蛋白胨作为氮源，按同样的方法接种 TJ-1，并在摇床内(25℃，130 r/min)培养 48 h，测定发酵液离心上清液的絮凝活性。

7.3 结果与讨论

7.3.1 替代培养基

分别以奶糖废水、洗蜂蜜桶水和一次淘米水代替优化培养基中的葡萄糖，对 TJ-1 进行发酵培养，测得发酵液离心上清液的絮凝活性；以豆浆废水代替优化培养基中的蛋白胨，对 TJ－1 进行发酵培养，测得发酵液离心上清液的絮凝活性。将 TJ－1 在各种替代培养基中发酵液离心上清液的絮凝活性与在通用发酵培养基和优化培养基中发酵液离心上清液的絮凝活性进行比较，如表 7－3 所示。

表 7－3　TJ－1 在替代培养基中发酵液离心上清液的絮凝活性比较

编　号	碳　源	氮　源	*FA*（%）
1	奶糖废水	蛋白胨	75.83
2	洗蜂蜜桶水	蛋白胨	13.09
3	一次淘米水	蛋白胨	43.04
4	葡萄糖	豆浆废水	76.26
通用发酵培养基	葡萄糖	酵母膏，尿素，硫酸铵	91.14
优化培养基	葡萄糖	蛋白胨	93.13

从表 7－3 可以看出，以奶糖废水为碳源时，TJ－1 发酵液离心上清液的絮凝活性较高，为 75.83%；而以洗蜂蜜桶水或一次淘米水为碳源时，TJ－1 发酵液离心上清液的絮凝活性均较低；以豆浆废水为氮源时，TJ－1 发酵液离心上清液的絮凝活性为 76.26%。通过比较 TJ－1 在通用发酵培养基、优化培养基和各种替代培养基中发酵液离心上清液的絮凝活性可知：奶糖废水作为 TJ－1 产 MBF 时的碳源是可行的；豆浆废水作为 TJ－1 产 MBF 时的氮源也是可行的。

7.3.2　复合替代培养基

在优化培养基的基础上，分别以奶糖废水替代葡萄糖作为碳源、豆浆废水替代蛋白胨作为氮源，构建复合替代培养基。研究两种废水配比对 TJ－1 产 MBF 的影响，试验结果如表 7－4 所示。将结果与 TJ－1 在其他培养基中的发酵液离心上清液絮凝活性进行比较，如图 7－1 所示。

表 7－4　TJ－1 在复合替代培养基中发酵液离心上清液的絮凝活性

编　号	奶糖废水：豆浆废水	FA（%）
1	0：5	45.90
2	1：4	63.29
3	2：3	51.79
4	3：2	63.30
5	4：1	82.45
6	5：0	74.51

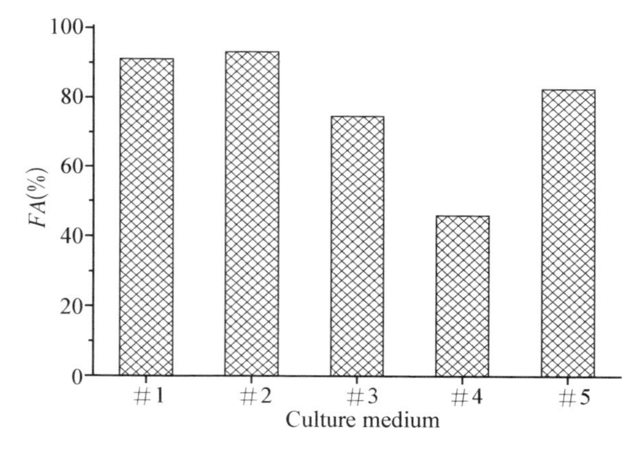

图 7－1　TJ－1 在各种培养基中发酵液离心上清液的絮凝活性比较

注：#1 为通用发酵培养基，#2 为优化培养基，#3 为奶糖废水替代碳氮源的替代培养基，#4 为豆浆废水替代碳氮源的替代培养基，#5 为奶糖废水和豆浆废水（4：1）共同替代碳氮源的复合替代培养基

从表 7－4 中可以看出，当培养基中奶糖废水与豆浆废水的配比较低时，TJ－1 的发酵液离心上清液絮凝活性也较低。当配比升至 4：1 时，絮凝活性最高，达82.45%。在只有豆浆废水作为碳氮源时，絮凝活性最低；而只有奶糖废水作为碳氮源时，絮凝活性仍可达 74.5%。由此说明，奶糖废水在复合替代培养基中占主导作用，是 TJ－1 产 MBF 的主要营养源，豆浆废水为辅助营养源，对提高絮凝活性有一定帮助。因此，TJ－1 的复合替代培养基为：800 mL 奶糖废水，200 mL 豆浆废水，

0.3 g 硫酸镁，2 g 磷酸二氢钾，5 g 磷酸氢二钾，pH7.0，在 0.7 kg/cm^2 高压蒸气灭菌 30 min。

从图 7－1 的比较中可知，TJ－1 在复合替代培养基发酵液离心上清液的絮凝活性虽然仍低于其在通用发酵培养基和优化培养基中发酵液离心上清液的絮凝活性，但 80%以上的絮凝活性是令人满意的，在应用中也有实际意义。

7.3.3　综合效益分析

按照当前的试剂市场价格，TJ－1 的优化培养基成本如表 7－5 所示，葡萄糖和蛋白胨共占总成本的 50.6%。当以奶糖废水和豆浆废水代替它们后，所得的复合替代培养基成本如表 7－6 所示，每吨 TJ－F1 的培养基成本从 87 594 元下降至 42 256 元，下降幅度为 51.8%。因此，奶糖废水与豆浆废水共同作为 TJ－1 的碳氮源，可以使其培养成本下降一半多，经济效益明显，为 MBF 从实验室研究走向实际应用迈出了重要的一步。

表 7－5　优化培养基成本核算

成　分	价格(元/t)	用量(g/L)	成本(元/L)
葡萄糖	3 200	10	0.032 0
蛋白胨	27 000	1	0.027 0
硫酸镁	2 200	0.3	0.000 7
磷酸二氢钾	8 000	2	0.016 0
磷酸氢二钾	7 900	5	0.039 5
自来水	1.3	1 000	0.001 3
每升培养基成本（元）			0.116 5
每吨 TJ－F1 成本(元)			87 594

表 7－6　复合替代培养基成本核算

成　　分	价格(元/t)	用量(g/L)	成本(元/L)
奶糖废水	—	800	—
豆浆废水	—	200	—
硫酸镁	2 200	0.3	0.000 7
磷酸二氢钾	8 000	2	0.016 0
磷酸氢二钾	7 900	5	0.039 5
每升培养基成本(元)			0.056 2
每吨 TJ－F1 成本(元)			42 256

《国民经济和社会发展第十一个五年规划纲要》[4]明确要求："十一五"期间把主要污染物 COD 排放总量减少 10%，作为约束性指标。奶糖废水和豆浆废水排放量大，COD 浓度非常高，虽然易于生物降解，但要使它们达标排放，处理成本仍然很高，而且污泥产量大。将这两种废水用作 TJ－1 的营养源后，不仅能产生高效 MBF，变废为宝，实现它们的资源化利用；还能节省它们高昂处理费用，实现环境效益与经济效益、社会效益的统一。这是一种典型的循环经济模式，对于主要污染物减排有重要意义，对于国家建设环境友好型社会也有推动作用。

7.4　本 章 小 结

(1) 奶糖废水和豆浆废水可以共同作为 TJ－1 产 MBF 的碳氮源，由它们组成的复合替代培养基为：800 mL 奶糖废水，200 mL 豆浆废水，0.3 g 硫酸镁，2 g 磷酸二氢钾，5 g 磷酸氢二钾，pH7.0；TJ－1 在此培养基中所产 MBF 的絮凝活性高，可达 82.45%。

(2) 奶糖废水和豆浆废水代替葡萄糖和蛋白胨作为碳氮源后，可使

TJ-F1的生产成本下降约52%,不仅可实现它们的资源化利用,还可节省高昂的处理费用,使经济效益与环境效益、社会效益得到统一,对于国家实施的主要污染物减排规划也有重要意义。

第二部分

电导型生物传感器的开发及特性研究

第8章 电导型磷酸盐生物传感器的研制及特性①

8.1 本章引言

磷是水生植物生长的重要营养元素。它广泛存在于洗涤剂和肥料中，水体常因接纳过多的磷而出现富营养化现象[226]。在医学中，血液里磷浓度能为疾病诊断、细胞能量状态和骨功能状况等提供丰富信息。此外，从食物中摄入过多的磷还会损害人体健康，所以在食物质量控制中也需要确定磷浓度。

钼酸铵分光光度法是目前广泛采用的磷测定方法，但也存在操作烦琐、耗时长等问题。此外，昂贵的试验设备、受过良好训练的测试人员和可致癌的化学试剂也是该方法的不足之处。离子选择性电极也可用于磷的测定，但有选择性和稳定性差等缺点[227]。因此，研制一种灵敏、可靠、操作简便并能够快速检测磷浓度的方法就非常有意义。

基于多酶促或单酶促反应的磷酸盐生物传感器以磷酸盐为共底物，将生物信号转换为电信号，实现磷浓度的测定。安培型磷酸盐生物传感器由于其生物识别部件具有良好的选择性和灵敏性，近十年来得到了长足的发

① 本章研究成果已经发表在 *Analytica Chimica Acta* 上。

展[109]。四酶安培型磷酸盐生物传感器采用麦芽糖磷酸化酶（maltose phosphorylase，MP），酸性磷酸酶（acid phosphatise，AP），葡萄糖氧化酶（glucose oxidase，GOD）和变旋酶（mutarotase，MR），通过测定酶促反应信号来确定磷的浓度[228]。其反应机理如下：

$$\text{maltose}+\text{phosphate}\xrightarrow{\text{MP}}\beta-\text{D}-\text{glucose}-1-\text{phosphate}+\alpha-\text{D}-\text{glucose} \tag{8-1}$$

$$\beta-\text{D}-\text{glucose}-1-\text{phosphate}\xrightarrow{\text{AP}}\beta-\text{D}-\text{glucose}+\text{phosphate} \tag{8-2}$$

$$\alpha-\text{D}-\text{glucose}\xrightarrow{\text{MR}}\beta-\text{D}-\text{glucose} \tag{8-3}$$

$$\beta-\text{D}-\text{glucose}+O_2\xrightarrow{\text{GOD}}\beta-\text{D}-\text{glucose acid}+H_2O_2 \tag{8-4}$$

$$H_2O_2\xrightarrow{-2e}2H^{+}+O_2 \tag{8-5}$$

前两步酶促反应产生 2 分子葡萄糖并回收 1 分子磷酸盐，第三步反应对葡萄进行变旋，最后一步反应产生会引起电流的变化，可以通过电化学装置检测到。在这一研究基础上，又研究出了三酶和双酶安培型磷酸盐生物传感器。Karube 等[229]报道了一种化学荧光连续注射分析生物传感器，它采用 MP、MR、GOD 和过氧化氢酶来构建酶促反应体系。该传感器磷酸盐的线性检测范围为 10 nM～30 μM。Mousty 等[230]用一种简单方法制备由 MP、MR 和 GOD 组成的安培型磷酸盐生物传感器，它的线性检测范围为 1～50 μM。Hüwel 等[228]只用 MP 和 GOD 成功研制出更为简单的双酶磷酸盐传感器。

多酶磷酸盐生物传感器存在多种问题已被越来越多地认识到。在生物传感器系统中，越多种类的酶参与反应，就越容易引起响应信号对底物的非专一性，而且每种酶的活性差异也会引起传感器性能的波动[231]。多步酶促反应的中间产物发生分解，如核苷磷酸化酶和黄嘌呤氧化酶内的肌苷，也会影响传感器的稳定性[232]。在一些多步酶促反应体系中，即使传感器对目标检测物的响应非常灵敏，却不存在一个浓度检测的线性范围[232,233]。此外，由多酶构成的生物传感器系统还有结构和制备复杂、价格较昂贵等不足之处。

近年来，关于电导型生物传感器的报道逐渐增多[17,44,123,140,234-239]。它的原理是通过测量两个并行电极间的电导差值的变化来确定目标检测物的浓度[44]。电导型生物传感器具有如下一些优点[236]：① 电导电极结构简单，且价格便宜，能够实现大规模生产，有利于传感器的广泛应用；② 使用电压低，能量消耗小；③ 基于各种生化反应，可实现许多种类物质的检测；④ 不需要另外的参比电极，只用简单的薄层技术便可集成生化反应体系。至今尚未见有关将生物酶固定在电导型电极上制备电导型磷酸盐生物传感器的报道。

本章介绍了一种单酶电导型磷酸盐生物传感器的制备及操作特性。将 MP 复合膜固定在电导型电极上，MP 复合膜的反应机理为反应(8-1)。发生在工作电极上的酶促反应引起工作电极与参比电极间电导差，该值与磷酸盐的浓度在一定范围内呈线性关系。单酶的使用可有效排除其他物质对检测结果的干扰，且酶的固定方法比较简单，制作成本也较低。

8.2　材料与方法

8.2.1　主要试验材料

MP (EC 2.4.1.8)提取自 *Escherichia coli* 的细胞中，酶活力为 15 U/mg，从 Biozyme Laboratories Limited 购得。牛血清白蛋白(bovine serum albumin, BSA)，25%的戊二醛溶液(glutaraldehyde, GA)和麦芽糖均从

Sigma-Aldrich Chemie GmbH 购得。KH_2PO_4 购买于 Merck 公司。所有其他试剂为分析纯。水溶液均用 Millipore Milli－Q 纳滤水（电阻为 18.2 MΩ cm）。

8.2.2 主要试验仪器及设备

电导型十字交联电极由乌克兰的 Institute of Semiconductors Physics 提供[见图 8－1(a)]。电极（厚度为 150 nm）通过喷射技术固定在陶瓷板上（10×30 mm^2）。电极芯片的核心部分用环氧树脂包裹以保护敏感区域。敏感区域的长和宽均为 1.0 mm，面积为 1.0 mm^2。Stanford Research System SR 510 lock-in 信号放大器购自美国加利福尼亚的 Sunnyvale 公司，使用条件为调频 100 kHz 和电压 10 mV。

8.2.3 酶的固定

将 10％（w/v）的 MP 和 BSA 混合物，10％（v/v）的甘油溶解在柠檬酸盐缓冲液（100 mM，pH6.0）中，用 1 μL 的注射器涂布在工作电极敏感区域；另将 10％（w/v）BSA，10％（v/v）甘油滴溶解在柠檬酸盐缓冲液（100 mM，pH6.0）中，用 1 μL 的注射器涂布在参比电极敏感区域。然后将电极放入饱和戊二醛蒸汽中交联 20 min，再在空气中干燥 20 min。通过重复上面的步骤来增加 MP 复合膜的层数，达到提高酶浓度的目的。将制备好的传感器浸入柠檬酸盐缓冲液（100 mM，pH6.0）中，在冰箱内 4℃下保藏。

8.2.4 生物传感器的测量操作

生物传感器检测系统如图 8－1(b)所示。除特别说明外，所有试验均在室温（约 25℃）下进行。将传感器与信号放大系统连接好后，浸入由磁力搅拌的 5 mL 柠檬酸盐缓冲溶液（100 mM，pH6.0）中，加入麦芽糖

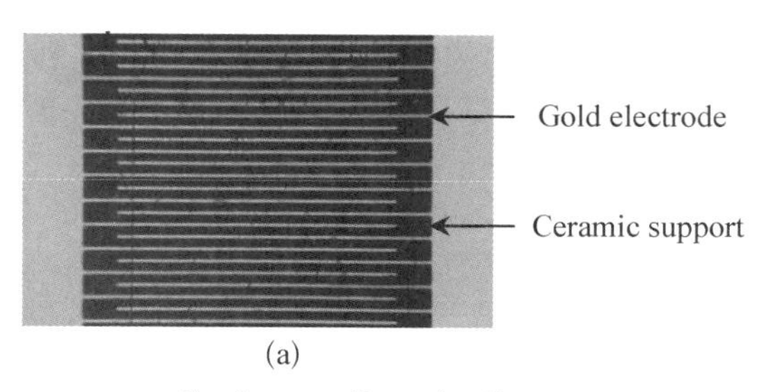

图 8-1　(a) 十字交联电极的结构图;(b) 电导型磷酸盐生物传感器操作示意图

(最终浓度为 20 mM,把含麦芽糖的柠檬酸盐缓冲溶液称作工作缓冲液)。待信号稳定后,注入不同体积的磷酸盐溶液(1 mM),测定各种浓度时的电导响应值。输出的电导信号是工作电极与参比电极电导信号的差值,这样可除酶以外因素的干扰。不同浓度下生物传感器的响应值计算公式如下:

$$\Delta S = S_n - S_0 \tag{8-6}$$

式中,ΔS 为电导响应值,S_n 为加入磷酸盐后测得的电导值,S_0 为磷酸盐浓度为 0 时测得的电导值。

8.3 结果与讨论

8.3.1 MP 复合膜的优化

综合考虑生物传感器的线性范围、检测限、灵敏度等指标，研究 MP 复合膜中酶浓度对生物传感器性能的影响。由于电导型电极的敏感区域面积只有 1 mm^2，每次用注射器滴加超过 0.5 μL 的酶溶液会不利于酶的固定和酶膜的形成。所以通过改变复合膜层数的方法来调整酶浓度，每层膜中酶溶液量为 0.5 μL。试验结果如表 8-1 所示，采用 3 层酶膜时，生物传感器响应值稳定下来所需的时间约为 10 s。增加膜层数会阻碍磷酸盐向复合膜内扩散，延长响应时间；减少酶层数则可能因酶浓度不足而导致传感器的性能下降。3 层酶膜不仅能保证足够的酶浓度和较短的响应时间，还有利于提高生物传感器的稳定性。

表 8-1 MP 复合膜层数对电导型磷酸盐传感器性能的影响

层 数	响应时间 (s)	对 200 μM 磷酸盐的响应电导值 (μS)	线性范围 (μM)	检测限 (μM)
0	—	—	—	—
1	5	9.9	14～260	6.0
2	8	21.8	8.0～320	4.0
3	10	30.7	1.0～400	1.0
4	35	10.3	1.0～400	1.0
5	90	6.2	1.0～320	1.0

当工作极中酶浓度为零时，检测不出电导信号，说明生物传感器的检测是由 MP 酶促反应主导的。电导型磷酸盐生物传感器的检测过程机理为：以磷酸盐和麦芽糖为共底物，经 MP 催化反应产生 β-D-glucose-1-

phosphate 和 α－D－Glucose，引起工作电极电导的变化，工作电极与参比电极形成电导差值，在酶和麦芽糖浓度一定的情况下，电导响应值与磷酸盐浓度在一定范围内呈现线性关系。

工作电极 MP 复合膜内 MP/BSA 的比值对传感器的性能影响如图 8－2 所示。当 MP/BSA 的比值为 1∶1 时，传感器对磷酸盐有最大电导响应值。MP/BSA 的比值过大时，BSA 不能使 MP 分子间保持一定的距离并维持一定的分散度，酶可能发生团聚作用，酶活性中心被包裹起来，无法与底物充分接触，从而导致对磷酸盐的响应下降。而当 MP/BSA 的比值过小时，酶浓度下降的同时也被 BSA 分散得过开，催化效果下降；此外，已有研究指出作为起分散作用的 BSA 浓度过高会降低酶的活性[240]。

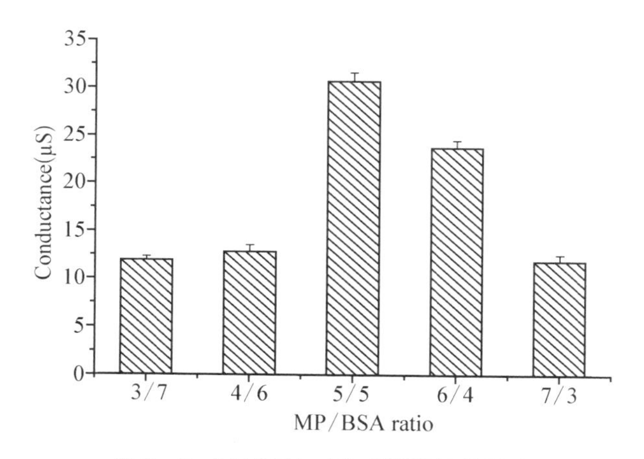

图 8－2　MP/BSA 对传感器性能的影响

注：测量在室温下的柠檬酸盐缓冲溶液（100 mM，pH6.0）中进行，磷酸盐浓度为 200 μM

用饱和戊二醛蒸汽交联固定 MP 复合膜，交联时间也会影响生物传感器的性能。由图 8－3 可知，最佳的交联时间是 20 min。过长交联时间会使传感器对磷酸盐的响应急剧下降，这可能是由于戊二醛和酶之间形成了大量共价连接，使酶活性中心钝化；此外，过厚的交联膜也会增加底物和产物的扩散阻力，缩小磷酸盐的检测范围。另一方面，交联时间过短，戊二醛

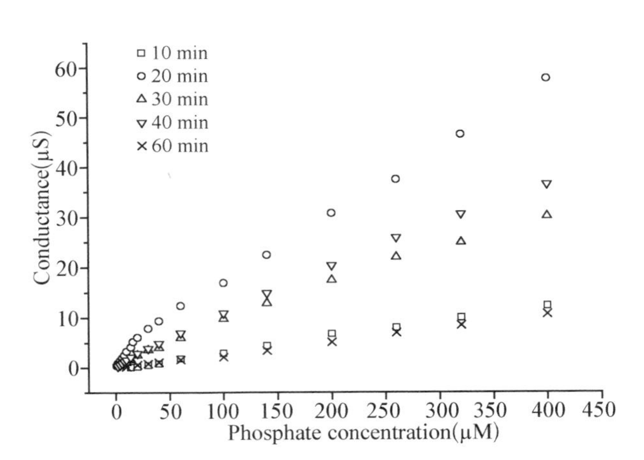

图 8-3　MP 复合膜在饱和戊二醛饱和蒸汽中交联时间对传感器性能的影响

注：测量在室温下的柠檬酸盐缓冲溶液(100 mM, pH6.0)中进行

和酶之间形成的共价连接数量不够，MP 的固定效果不好，可能会发生酶泄露情况，传感器的稳定性下降[237,239]。

8.3.2　试验变量的影响

固定磷酸盐浓度为 200 μM，柠檬酸盐缓冲溶液浓度为 100 mM，研究工作缓冲溶液 pH 值对生物传感器测量效果的影响。如图 8-4 所示，pH 值为 6.0 时传感器对磷酸盐出现最大响应值，这一结果与其他涉及麦芽糖磷酸化酶的磷酸盐生物传感器相符[229,230]，也说明复合膜固定化过程没有改变酶的催化特性。因此，pH6.0 作为最佳值在后面所有试验中使用。

固定磷酸盐浓度为 200 μM，柠檬酸盐缓冲溶液的 pH 值为 6.0，研究工作缓冲溶液浓度对传感器测量效果的影响。如图 8-5 所示，对磷酸盐的最高响应值出现在缓冲液浓度为 100 mM 时，也与其他涉及麦芽糖磷酸化酶的磷酸盐生物传感器相符[230]。因此，柠檬酸盐缓冲溶液浓度固定为 100 mM并在后面试验中使用。

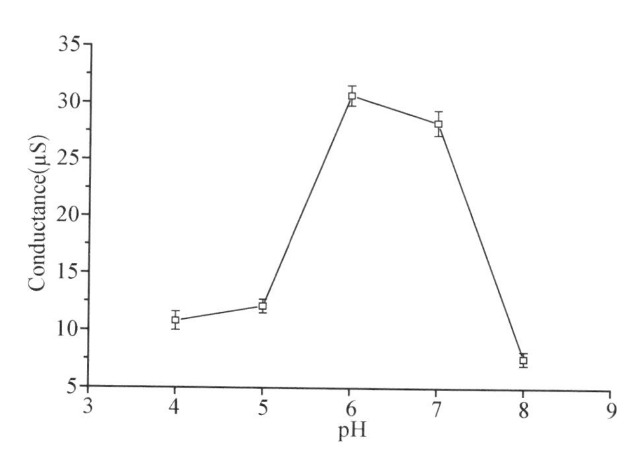

图 8-4　工作缓冲溶液 pH 值对电导型磷酸盐传感器响应的影响

注：测量在室温下的柠檬酸盐缓冲溶液(100 mM)中进行，磷酸盐浓度为 200 μM

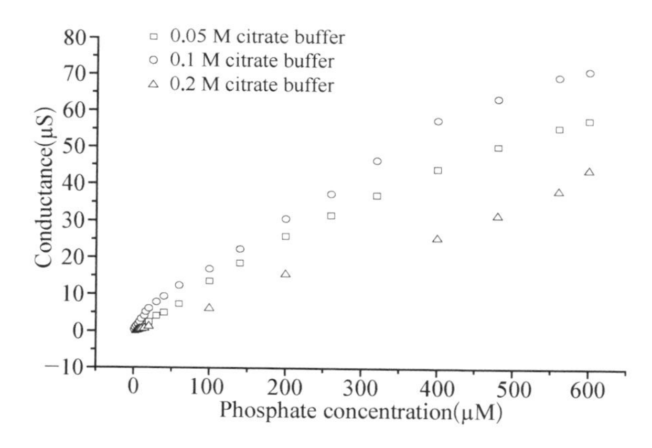

图 8-5　工作缓冲溶液浓度值对电导型磷酸盐传感器响应的影响

注：测量在室温下的柠檬酸盐缓冲溶液(pH6.0)中进行，磷酸盐浓度为 200 μM

图 8-6 显示了工作温度对电导型磷酸盐传感器响应的影响。同大多数生物酶一样，MP 的催化性能也受温度影响。生物传感器在 20～50℃较宽范围内均保持对磷酸盐的较高响应。在 30℃时，MP 表现出最佳催化活性，说明 MP 复合膜的能够稳定 MP 的催化活性。MP 会因温度过低而显示出较低的催化活性；温度过高 MP 可能因蛋白质变性而使性能迅速下降。

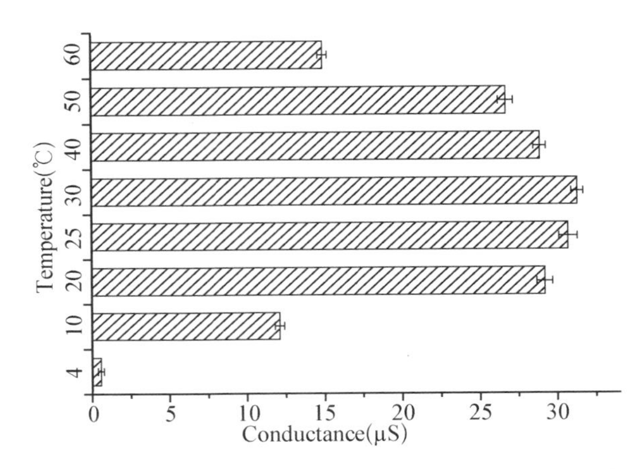

图 8－6　工作温度对电导型磷酸盐传感器响应的影响

注：测量在室温下的柠檬酸盐缓冲溶液（100 mM，pH6.0）中进行，磷酸盐浓度为 200 μM

8.3.3　工作曲线

根据上面的优化试验，测定电导型磷酸盐传感器在室温下（约 25℃）的柠檬酸盐缓冲溶液（100 mM，pH6.0）中标准曲线（图 8－7）。传感器对磷酸盐有两个线性范围，分别是 1.0～20 μM 和 20～400 μM，检测限为 1.0 μM。第 1 个线性范围的回归曲线为：ΔS（μS）＝0.1824＋0.2983［磷酸盐］（μM），R^2＝0.994 2；第 2 个线性范围的回归曲线为：ΔS（μS）＝3.820 8＋0.133 1［磷酸盐］（μM），R^2＝0.999 3。电导型磷酸盐生物传感器中麦芽糖 K_M^{app} 为 238 μM，传感器的响应时间约为 10 s。

8.3.4　稳定性分析

传感器的保藏稳定性是其主要性能指标之一。关于生物传感器因化学试剂或环境温度等因素而失去检测功能的文献报道已有许多。我们制备的电导型磷酸盐生物传感器在 100 mM 柠檬酸盐缓冲液（pH6.0）中 4℃下保藏。为了检查其稳定性，定期测定其对 200 μM 磷酸盐的电导响应值，

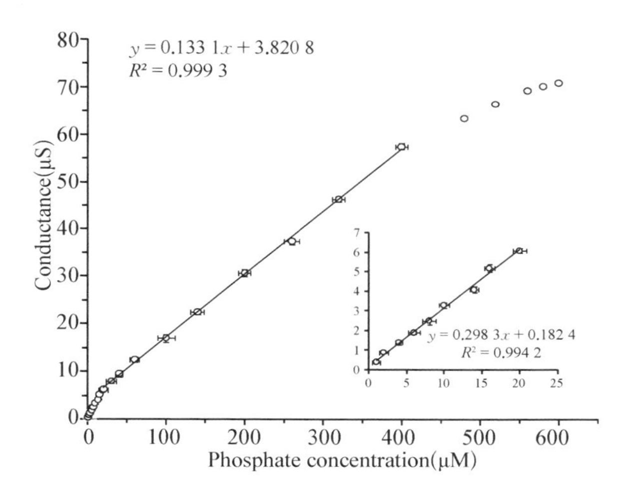

图 8-7　电导型磷酸盐生物传感器的工作曲线

注：测量在室温下的柠檬酸盐缓冲溶液(100 mM，pH6.0)中进行，图中竖直标准误和水平标准误分别指同一传感器多次的测定结果和不同传感器之间的测定结果

测定条件与标准曲线相同。试验结果如图 8-8 所示，传感器在第一周内保持较高的响应值和稳定性，然后随着测定次数的增加和保藏时间的延长，性能逐渐下降，不过两周后，其仍保有约 70%的响应，直到第三周才下降至

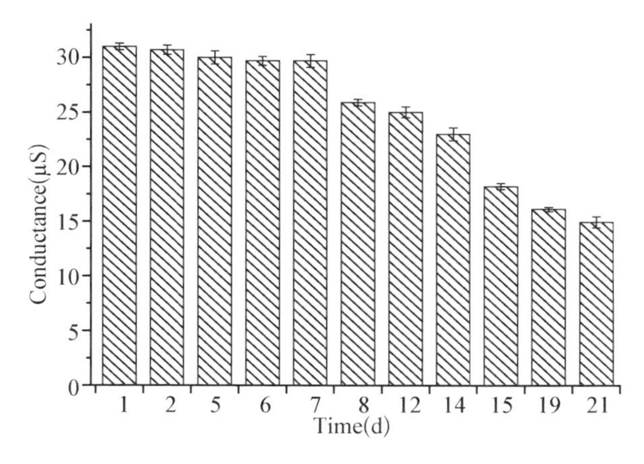

图 8-8　电导型磷酸盐生物传感器的保藏稳定性

注：测量在室温下的柠檬酸盐缓冲溶液(100 mM，pH6.0)中进行，磷酸盐浓度为 200 μM

50%左右。若在保藏过程中减少传感器使用次数在5次之内，2个月后，其仍能保留近70%的响应值。

将我们制备的简单、廉价电导型磷酸盐生物传感器与文献报道的安培型磷酸盐生物传感器进行了比较。3种酶安培型磷酸盐生物传感器的线性范围是1～50 μM，最佳操作温度为40℃，但在室温下操作时响应值只有最大值的一半[230]。双酶安培型磷酸盐生物传感器的线性检测范围比较窄，为0.5～10 μM，而且对温度特别敏感[228]。Kwan等[226]利用丙酮酸盐研制出了单酶安培型磷酸盐传感器，它的线性范围在7.5～625 μM，检测限为3.6 μM；它保藏在4℃时，仅一夜便会失去50%的活性；而且它还需要硫胺焦磷酸盐、黄素腺嘌呤二核苷酸和Mg^{2+}等来激活酶。与上述传感器的性能相比，我们所研制的电导型磷酸盐生物传感器的检测限相当，但具有线性范围宽、响应快、对环境温度要求低和良好的保藏稳定性等特点。再加上其制备简单、成本低等优点，电导型磷酸盐生物传感器会有很好的应用前景。

8.3.5 离子干扰

研究自然水体中常见阴子对电导型磷酸盐生物传感器检测结果的影响。干扰程度的计算采用传感器对200 μM的K_2SO_4、KCl、KNO_3、KNO_2或$KHCO_3$的电导响应值与对200 μM的磷酸盐的电导响应值之比，以百分数计。从试验结果来看，各种阴离子对亚硝酸盐检测的干扰均在1%以内，几乎可以忽略。

8.3.6 应用实例

将电导型磷酸盐生物传感器用于分析3个实际水样中磷酸盐的浓度。首先对水样进行预处理，将水样用0.45 μM聚四氟乙烯膜过滤，并用氮气吹脱15 min。然后，按照与标准曲线测定相同的方法检测水样中的磷酸盐。利用加标测回收率法来确定电导型磷酸盐生物传感器的应用可靠性。检测结果如表 8-2 所示。从表可知，传感器对实际水样的加标回收率在 106%～113%之间，在实际应用中是可以接受的。

表 8-2　电导型磷酸盐生物传感器对实际水样的分析(n=3)

水　　样	[PO_4^{3-}] (μM)	加标量 (μM)	最终浓度(μM)	回收率 (%)
Saône River	1.4±0.5	2.0	3.6±0.4	113
Givors Entrée	91.6±1.2	90.0	179.5±1.6	98
Givors Intermédiaire	16.8±0.6	20.0	38.0±0.4	106

8.4　本 章 小 结

(1) 利用从埃希氏大肠杆菌(*Escherichia coli*)细胞中提取的麦芽糖磷酸化酶(maltose phosphorylase, MP)，研制出了单酶电导型磷酸盐生物传感器。

(2) 单酶电导型磷酸盐生物传感器制备的优化工艺参数为：将 5% (w/v)的 MP，5% (w/v)的 BSA，10% (v/v)的甘油溶解在柠檬酸盐缓冲液(100 mM, pH6.0) 中，用 1 μL 的注射器涂布在工作电极敏感区域；另将 10% (w/v) BSA，10% (v/v) 甘油溶解在柠檬酸盐缓冲液(100 mM, pH6.0)中，用 1 μL 的注射器涂布在参比电极敏感区域。然后将电极放入饱和戊二醛蒸汽中交联 20 min，再在空气中干燥 20 min。重复上面的步骤 2 次，最终将 3 层复合酶膜固定在十字交联电极上。用柠檬酸盐缓冲溶液(100 mM, pH6.0)冲掉膜表面多余的戊二醛，然后将传感器浸入相同的柠檬酸盐缓冲液中，在冰箱内 4℃下保藏。

(3) 单酶电导型磷酸盐生物传感器的最佳操作条件为：30℃下，以含有 20 mM 麦芽糖的柠檬酸盐缓冲溶液（100 mM，pH6.0）为工作缓冲溶液。根据传感器在室温下工作的标准曲线，它对磷酸盐浓度检测有两个线性范围，分别为 1.0～20 μM 和 20～400 μM，检测限为 1.0 μM（信噪比为 3）。

（4）水中常见阴离子不会对电导型磷酸盐生物传感器的检测结果形成明显干扰；电导型磷酸盐生物传感器在 20～50℃均能工作，有较好的温度稳定性；在保藏 2 个月后，电导型磷酸盐生物传感器仍有 70%的响应，有较好的保藏稳定性；对实际水样的分析结果表明，电导型磷酸盐生物传感器可用于较清洁的地表水体中磷酸盐的分析。

第9章 电导型亚硝酸盐生物传感器的研制及特性①

9.1 本章引言

与地球上的水一样，氮也在大气、水环境和土壤中循环[241]（图 9－1）。但与水不同的是，人类的许多活动，如庄稼施肥、家禽饲养、畜牧、水产养殖、工业废水排放、生活污水排放和食品添加剂的生产、使用等，使越来越多的含氮化合物被释放到水环境中[242,243]。也就是说，地表水和地下水中的硝酸盐和亚硝酸盐已经积累到了一个比较高的浓度。它们的浓度上升到一定范围后，会引起严重问题，如水质恶化、危害人体健康等。江河、湖泊、海湾及近海水域的水体富营养化是受到广泛关注的环境污染问题，它会引起藻类疯狂繁殖，耗尽水中的溶解氧，破坏水环境生态系统，使水体功能丧失[244]。此外，亚硝酸盐因对人体健康有严重危害而被认为是一种有毒物质[243]。从食物或饮用水中摄入过量的亚硝酸盐会影响婴幼儿血液中的氧浓度并导致高铁血红蛋白症或称蓝婴综合征（Blue-baby Syndrome）[245-248]；亚硝酸盐在体内可能会与氨结合生成致癌物——亚硝胺类化合物[249]。硝

① 本章研究成果已发表在 *Biosensors and Bioelectronics* 上。

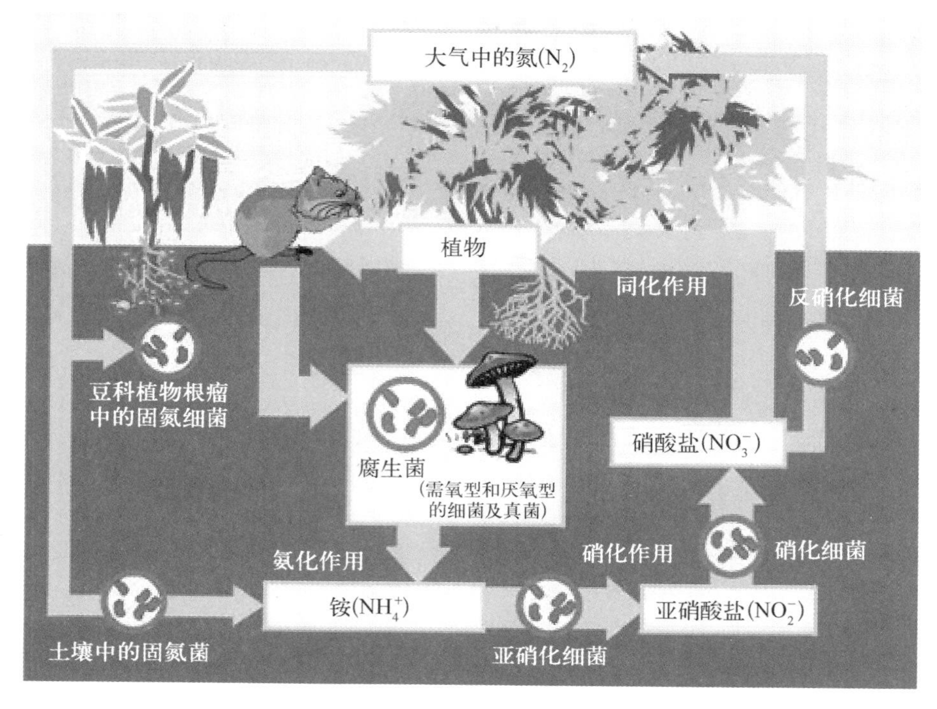

图 9-1 环境中的氮循环[241]

酸盐很容易在反硝化细菌作用下转化为亚硝酸盐。鉴于亚硝酸盐可能引起的严重不良后果，快速、准确地定量检测食物、饮用水和水体中的亚硝酸盐浓度具有重要现实意义。欧盟已经颁布的饮用水质标准中，亚硝酸盐的含量不能超过 0.1 mg/L[247]。

现在检测亚硝酸盐的常用方法有格里斯试剂比色法、离子色谱法、极谱法、毛细管电泳法和荧光分光光度法等[243]。这些方法均需要配套的集中式高级分析系统，所以在对疾病快速诊断、食品质量控制和环境事故监测中，分析结果有一定的延迟性[244,250,251]。因此，研制一种能够简单、快速、准确分析出样品中亚硝酸盐含量的替代仪器已经成为热点。生物大分子，如亚硝酸盐还原酶，具有高度的选择性和反应的快速、专一性，使亚硝酸盐生物传感器的研制成为可能[252]。

近几十年来，将生物大分子固定在灵敏的换能器上一直是研制生物传感器的主要方法。生物材料固定的方法之一就是利用聚合物将其固定在电极上，这样就能够实现生物传感器的再生制备。亚硝酸盐还原酶是研制亚硝酸盐生物传感器的最佳天然生物材料[253,254]。根据反应产物，它可以被分为 NO 型和 NH_4^+ 型；根据功能基团，它又可以被分为亚铁血红素 *cd*1 型、铜型、链亚铁血红素型和亚铁血红素 *c* 型[247]。亚铁血红素 *cd*1 和铜型亚硝酸盐还原酶可直接将 NO_2^- 还原成 NO，后两种类型的酶则能将 NO_2^- 还原成 NH_4^+[247]。

$$NO_2^- + 2\ H^+ + e^- \xrightarrow[\text{or Cu - NiR}]{\text{heme } cd\text{1-NiR}} NO + H_2O \qquad (9-1)$$

$$NO_2^- + 8\ H^+ + 6\ e^- \xrightarrow[\text{or heme } c\text{-NiR}]{\text{siroheme-NiR}} NH_4^+ + 2\ H_2O \qquad (9-2)$$

Scharf 等[253]于 1995 年首次利用的从细胞色素中提取的 *c* 型亚铁血红素亚硝酸盐还原酶(cytochrome *c* nitrite reductase, *cc*NiR)研制出了亚硝酸盐生物传感器。他使用聚丙烯酰胺凝胶将酶包埋固定在玻璃碳电极上。直接电催化或以甲基紫精(methyl viologen, MV)催化还原亚硝酸盐还原酶，加入亚硝酸盐后均能观察到电信号响应。Strehlitz 等[255]报道了可以用作亚硝酸盐还原酶的一系列还原介质，在此基础上研制出了介质生物传感器。这些还原介质充当电子载体，酚番红精、1-甲氧基-5-甲基吩嗪甲基硫酸盐(1-methoxy-5-methylphenazinium methyl sulphate, PMS)和甲基紫精被认为是效果最好的。Da Silva 等[247]将 *cc*NiR 用吡咯紫精固定在玻璃碳电极上，研制出亚硝酸盐生物传感器。Quan 等在玻璃碳电极上依次滴加、干燥聚乙烯醇[poly(vinyl alcohol), PVA]、Cu-NiR 和 MV、聚丙烯胺、聚亚安酯，研制出了安培型亚硝酸盐生物传感器。它的工作原理就是利用了 MV 在电极和 Cu-NiR 之间充当电子媒介。Almeida 等[252]研制了基于 *cc*NiR、Nafion® 和 MV 生物膜的亚硝酸盐生物传感器。研究结果表明 MV 的浓度对传感器的分析参数有重要影响：提高 MV 浓度后，虽然传感器灵敏度下降，但检测范围变大。陈浩等[256]用蒽醌-2-磺酸盐聚合物分层双氢氧化物[layered double hydroxide (LDH) containing anthraquinone-2-sulfonate (AQS)]将还原介质[ZnCr—AQS]和 *cc*NiR 固定在玻璃碳电极上来检测亚硝酸盐的浓度。通过在－0.6 V 电压下[ZnCr—AQS]将亚硝酸盐还原酶还原，活性还原酶进一步催化亚硝酸盐还原后，产生催化电流。总体来看，电化学亚硝酸盐生物传感器的发展面临的主要障碍在于：亚硝酸盐还原酶较差的稳定性；在亚硝酸盐还原酶与电极之间难以建立良好的电子通讯。与此同时，电导型生物传感器因其独特的优势而受到越来越多的关注[17,44,123,140,234-239]。至今尚未见有关将亚硝酸盐还原酶固定在电导电极上制备电导型亚硝酸盐生物传感器的报道。

本章介绍了一种电导型亚硝酸盐生物传感器的制备及特性。将 *cc*NiR、牛血清白蛋白(BSA)、Nafion®、MV 和甘油等混合，用饱和戊二醛蒸汽将其固定在电导电极上。*cc*NiR 是从硫酸盐还原细菌(*Desulfovibrio desulfuricans* ATCC 27774)细胞体内提取出来的，它能将亚硝酸盐直接催化还原为铵。该酶主要由两部分构成，一部分是催化单元，分子量为 61 kDa，是电子供体；另一部分是横跨膜单元，为高子化复合物(分子量≥890 kDa)[257]。作为亚硝酸盐生物传感器的主要识别元件，*cc*NiR 有如下几个优势：生化反应模式固定，催化效率高，稳定性好，可以大量获得[249]。对亚硝酸盐专一识别也决定了这种亚硝酸盐还原酶是生物传感器换能系统的首选生物材料。之前的安培型亚硝酸盐生物传感器研究也表明：在 MV 作为电子媒介时，*cc*NiR 对亚硝酸盐还原有良好的催化活性[253]。

亚硝酸盐还原酶一般以氧化态存在和保藏，我们所用的 *cc*NiR 也是如此。氧化态的 *cc*NiR 不具备催化功能，只有当它处于还原态是，催化功能才被激活。有两种方法可以激活 *cc*NiR：一种方法是在负电压(与标准甘汞电极的相对电压为－0.4 V 至－0.9 V)对其进行电催化还原，另一种方法是用人工电子供体将其还原。人工电子供体 MV 也有氧化态(MV^{2+})与还原态($MV\cdot^{+}$)之分。MV 能被空气中的氧气自动氧化成 MV^{2+},所以通常也是以氧化态存在。MV^{2+} 也能被电催化还原或化学还原。化学还原剂有连二亚硫酸钠和锌石等。这里我们使用连二亚硫酸钠作还原剂将 MV^{2+} 还原为 $MV\cdot^{+}$,$MV\cdot^{+}$ 再将 *cc*NiR 激活,使传感器具备了高效催化还原亚硝酸盐的能力[258,259]。显然,MV 在生物传感器系统的功能就像电子运输机。

MV 易溶于水且有毒性,要将其作为电子介质必须首先将其固定在电极上。由于 MV^{2+} 中含有疏水基团,能与 Nafion® 中的磺酸基结合,所以可用 Nafion® 将其固定。

$$MV^{2+}_{aq} + 2\,(SO_3^- Na^+)_{film} \longrightarrow [(SO_3^-)_2 MV^{2+}]_{film} + 2\,Na^+_{aq} \qquad (9-3)$$

这个反应可以在 Nafion® 表面富集大量 MV。在连二亚硫酸钠(溶解于碳酸钠溶液中)存在时,NO_2^- 被催化还原为 NH_4^+。反应如下。

$$4\,MV^{2+} + Na_2S_2O_4 + Na_2CO_3 \longrightarrow 4\,MV\cdot^{+} + Na_2SO_3 + Na_2SO_4 + CO_2 \qquad (9-4)$$

$$NO_2^- + 6\,MV\cdot^{+} + 8\,H^+ \rightarrow NH_4^+ + 6\,MV^{2+} + 2H_2O \qquad (9-5)$$

复合酶膜内电导的变化源自反应式(9-5)。

9.2 材料与方法

9.2.1 主要试验材料

*cc*NiR (1.0 mg/mL, 150 U/mg)提取自硫酸盐还原细菌(*Desulfovibrio desulfuricans* ATCC 27774)细胞体内,由葡萄牙的 Nova de Lisboa 大学的 Faculdade de Cienciase Tecnologia 提供,在−20℃下保存在磷酸盐缓冲溶

液(PBS，100 mM，pH7.6)。牛血清白蛋白、25%的戊二醛溶液、甲基紫精(methyl viologen，MV)和 Nafion®、甘油和连二亚硫酸钠均从 Sigma-Aldrich Chemie GmbH 购得。亚硝酸钾和碳酸氢钠由 Merck 公司提供。所有其他试剂均为分析纯。水溶液均用 Millipore Milli－Q 纳滤水(电阻为 18.2 MΩ cm)配制。

9.2.2 主要试验仪器及设备

电导型十字交联电极由乌克兰的半导体物理研究所提供[图 9－2 (a)]。电极(厚度为 150 nm)通过喷射技术固定在陶瓷板上(10×30 mm^2)。电极

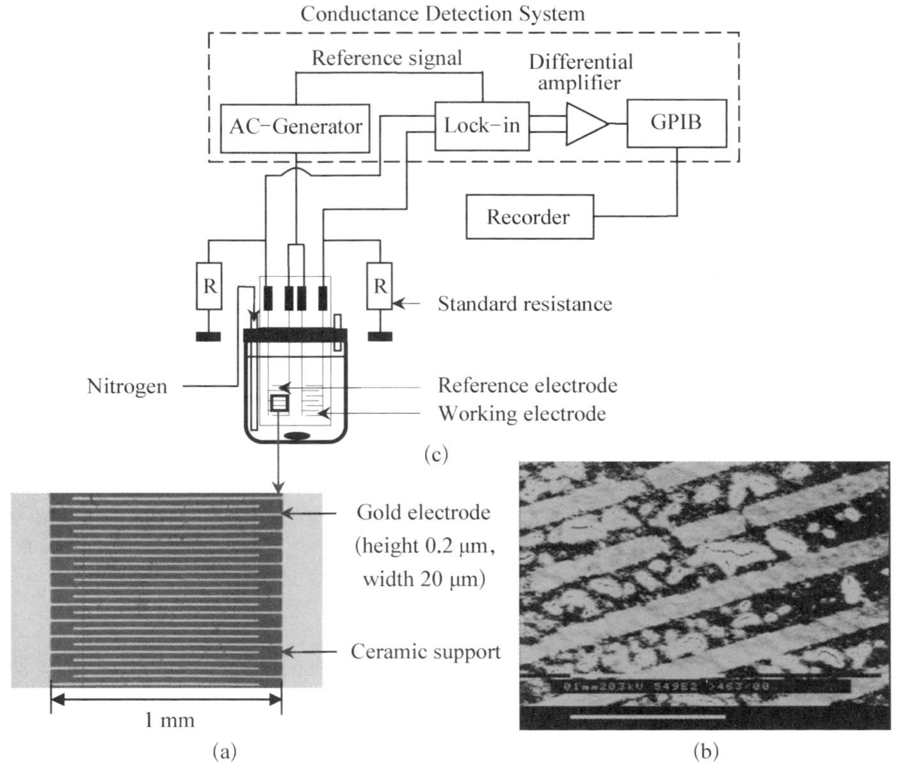

图 9－2 (a) 十字交联电极的结构图；(b) 工作电极扫描电镜图；
(c) 电导型磷酸盐生物传感器操作示意图

芯片的核心部分用环氧树脂包裹以保护敏感区域。敏感区域的长和宽均为 1.0 mm，面积为 1.0 mm^2。Stanford Research System SR 510 lock-in 信号放大器购自美国加利福尼亚的 Sunnyvale 公司，使用条件为调频 100 kHz 和电压 10 mV。

9.2.3　酶的固定

将一定浓度 ccNiR 和 BSA 混合物、10% (w/v) MV、3% (v/v) Nafion® 和 10% (v/v) 甘油溶解在磷酸盐缓冲溶液(100 mM, pH7.6)中，用 1 μL 的注射器涂布在工作电极敏感区域；另将一定 2 倍于酶浓度的 BSA、10% (w/v) MV、3% (v/v) Nafion® 和 10% (v/v) 甘油溶解在磷酸盐缓冲溶液(100 mM, pH7.6)中，用 1 μL 的注射器涂布在参比电极敏感区域。然后将电极放入饱和戊二醛蒸汽中交联 40 min，再在空气中干燥 10 min。用磷酸盐缓冲液(100 mM, pH6.0)冲洗掉电极上多余的 GA，即制得电导型亚硝酸盐生物传感器，其工作电极的扫描电镜图如图 9-2(b)所示。将传感器浸入相同的磷酸盐缓冲液中，在冰箱内 4℃下保藏。

9.2.4　生物传感器的测量操作

生物传感器检测系统如图 9-2(c)所示，除另有说明外，所有试验均在室温(约 25℃)下进行。将传感器与信号放大系统连接好后，浸入由磁力搅拌的 5 mL 柠檬酸盐缓冲溶液(100 mM, pH6.0)中，加入一定浓度的亚硝酸钾，待信号稳定后，加入 25 μL 连二亚硫酸钠(200 mM，最终浓度为 1 mM)启动反应，测定各种浓度时的电导响应值。输出的电导信号是工作电极与参比电极电导信号的差值，这样可排除酶以外因素的干扰。不同浓度下生物传感器的响应值计算公式如下：

$$C=(C_n-C_0) \tag{9-6}$$

式中，C 为电导响应值；C_n 为加入亚硝酸盐后测得的电导值；C_0 为亚硝酸盐浓度为 0 时测得的电导值。

9.3 结果与讨论

9.3.1 复合酶膜的优化

按照 9.2.3 中酶固定化方法，改变制备复合酶膜的某个成分浓度，而其他成分保持稳定，逐步对复合酶膜组成进行优化。亚硝酸盐还原酶是电导型生物传感器的核心部件，它的浓度对传感器性能有决定性作用。由于从硫酸盐还原细菌细胞体内提取到的 *cc*NiR 初始浓度较低，仅为 1.0 mg/mL，所以要研究 *cc*NiR 浓度对传感器性能的影响必须先对酶溶液进行浓缩。酶溶液浓缩方法如下：在 4℃、6 000 r/min 条件下，用离心过滤器对酶溶液进行浓缩。用不同浓度酶溶液浓度制备的传感器对 50 μM 的亚硝酸盐的电导响应值如图 9-3 所示。

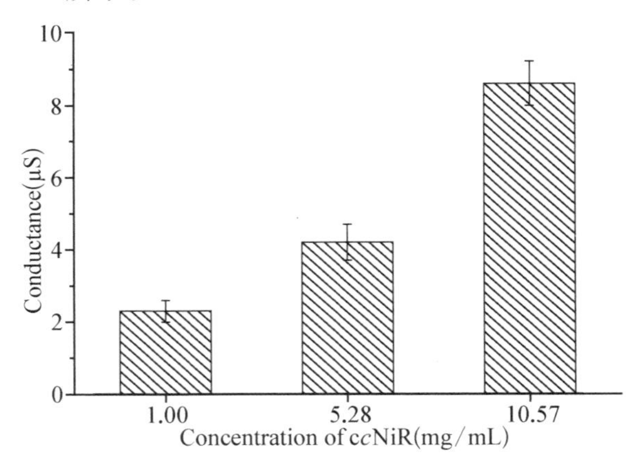

图 9-3　复合酶膜中 *cc*NiR 浓度对电导型亚硝酸盐生物传感器性能的影响

注：*cc*NiR/BSA 的比值为 1∶1；测量在室温下的 PBS（5.0 mM，pH7.6）中进行，亚硝酸盐浓度为 50 μM

从图 9－3 中可以看出，电导响应值随着酶浓度的增加而升高。复合酶膜中 *cc*NiR 浓度较低时，酶的数量较少，也就是说没有足够数量的酶参与亚硝酸盐的还原反应；而较高的 *cc*NiR 浓度不仅能够保证有充足的酶，同时也提高了传感器的响应值。考虑到酶浓度提高到 10.57 mg/mL 后传感器对亚硝酸盐的电导响应信号已经非常强烈，而继续通过离心过滤来提高酶浓度成本比较高且时耗长，所以在后面的研究中均采用浓度为 10.57 mg/mL 的酶溶液来制备传感器。

改变复合酶膜中 *cc*NiR/BSA 的比值，研究其对电导型亚硝酸盐生物传感器性能的影响。如图 9－4 所示，*cc*NiR/BSA 的比值为 1 ∶ 1 时，传感器对亚硝酸盐的电导响应值最大。BSA 在复合酶膜中的主要作用是分散 *cc*NiR，使酶分子之间保持一定分散度，使酶的催化活性得以充分发挥。*cc*NiR/BSA 的比值较低，过多的蛋白质分子可能增加亚硝酸盐在复合酶膜中的扩散难度，降低生物传感器的响应[240]。另一方面，*cc*NiR/BSA 比值较高时，*cc*NiR 在复合酶膜中占到主体，酶分子可能会发生聚集，酶活性中心

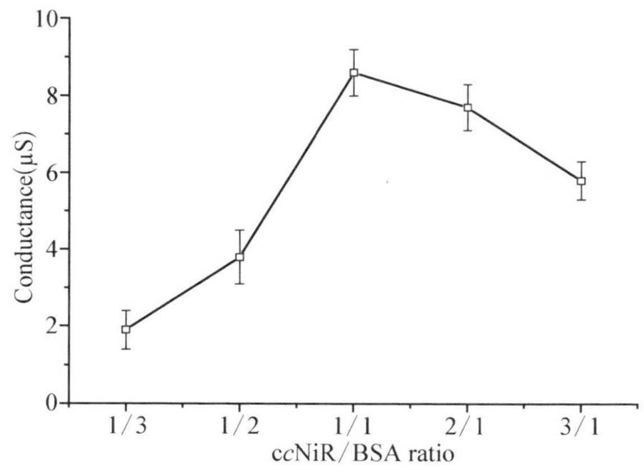

图 9－4　复合酶膜中 *cc*NiR/BSA 的比值对电导型亚硝酸盐生物传感器性能的影响

注：测量在室温下的 PBS (5.0 mM, pH7.6)中进行，亚硝酸盐浓度为 50 μM

被包裹起来，生物传感器的电导响应性能下降。由此，将 *cc*NiR/BSA 的比值固定为 1∶1。

作为电子载体的 MV 的浓度对亚硝酸盐生物传感器的影响如图 9－5 所示。当复合酶膜中浓度达到 10%（w/v）后，就能保证电极表面有足够多的电子介质。MV 低于此浓度时，没有足够多的 MV 来激活 *cc*NiR 的活性；而 MV 高于此浓度也并不能使酶的活性进一步提高，并用在后面所有传感器的制备中。

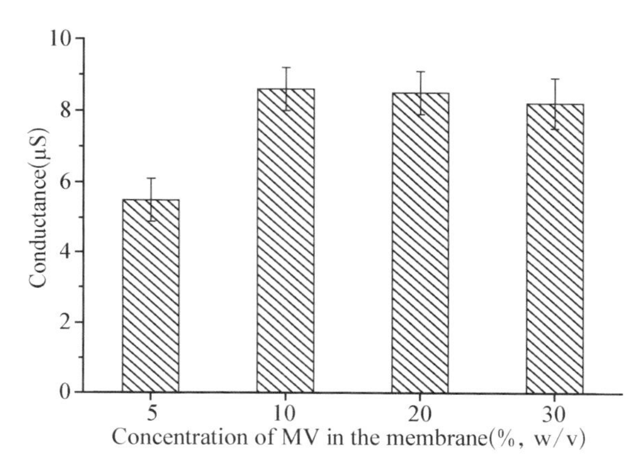

图 9－5　复合酶膜中 MV 含量对电导型亚硝酸盐生物传感器性能的影响

注：测量在室温下的 PBS（5.0 mM，pH7.6）中进行，亚硝酸盐浓度为 50 μM

当固定在工作电极上 *cc*NiR 浓度或 MV 浓度为零时，传感器对亚硝酸盐没有电导响应，表明复合膜内的电导值没有变化，即 NO_2^- 还原反应没有发生。这些结果表明：电导型亚硝酸盐生物传感器的对亚硝酸盐的响应是由 *cc*NiR 酶促反应主导的，并且酶是在用 MV 激活后才具有催化功能。

Nafion® 的结构相当复杂，通常认为 Nafion® 微观结构呈分割形态，由带磺基的球形疏水部分（直径为 30～50 nm）嵌入疏水的全氟化骨架中[260]。Nafion® 不仅能将 MV 牢固地保存在复合酶膜内，还能与 *cc*NiR 共沉淀并在电极上形成异型杂种膜。在这种类型的膜上，Nafion® 的微观结构发生变形，并充当蛋白质连接剂的角色[249]。不同 Nafion® 浓度对电导型亚硝酸盐生物传感器性能的影响如图 9-6 所示。

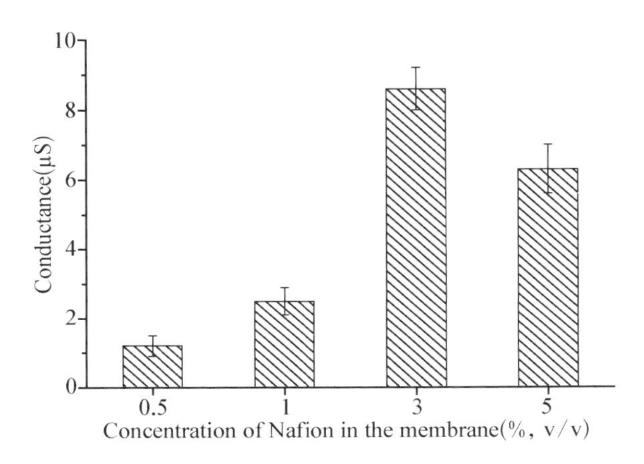

图 9-6　复合酶膜中 Nafion® 含量对电导型亚硝酸盐生物传感器性能的影响

注：测量在室温下的 PBS (5.0 mM, pH7.6)中进行，亚硝酸盐浓度为 50 μM

从图 9-6 中可以看出，复合酶膜中 Nafion® 浓度为 3%时，生物传感器对亚硝酸盐有最高的电导响应。Nafion® 浓度较低时，*cc*NiR 在酶膜中不够稳定，电极表面也不能积聚足够的 MV 作为电子载体。由于 Nafion® 内含有的磺基带负电，它在生物传感器中常用作障碍膜，阻止溶液中的阴离子如抗坏血酸盐、尿酸盐和亚硝酸盐等，进入膜内对传感器响应的进行干扰[119,122,261-264]。因此，过高的 Nafion® 浓度会对 NO_2^- 形成强烈的静电排斥作用，阻碍亚硝酸盐在复合酶膜内的还原反应。复合酶膜中 3%的 Nafion® 浓度能使传感器对亚硝酸盐有较高的响应，这可能是由于复合酶膜具有以下两个特征的综合结果。第一，复合酶膜表面呈现不规则形态，因此酶分子不会被 Nafion® 包裹，能够直接与底物接触；第二，带正电的 MV 能够中和 Nafion® 的电负性，使底物更容易进入复合酶膜中[249]。后面的试验中复合酶膜内 Nafion® 浓度固定为 3%时。

酶混合物在饱和戊二醛蒸汽中交联固定时间对电导型亚硝酸盐生物传感器性能的影响如表 9－1 所示。从表中可以看出，40 min 的交联时间是最佳的。交联时间过长，传感器灵敏性下降，检测限上升，原因可能如下：戊二醛与酶分子之间形成大量共价连接，将酶活性中心亦包裹起来；过厚的交联膜会阻碍底物扩散，从而限制酶反应进行。反之，交联时间过短（<40 min），复合酶膜中的酶固定效果不好，容易从复合膜内泄漏至工作缓冲溶液中，传感器的响应、稳定性和使用寿命均下降[140,238]。

表 9－1　交联固定时间对电导型亚硝酸盐生物传感器性能的影响

交联时间（min）	响应时间（s）	50 μM [NO_2^-]的电导响应值（μS）	线性范围（μM）	R^2（n=20）	检测限（μM）
20	6	4.3	0.4—80	0.996 7	0.2
40	10	8.6	0.4—120	0.999 1	0.2
60	18	6.6	0.8—120	0.998 3	0.5
80	34	4.4	1.5—100	0.991 2	1.0

综合上述试验结果，电导型亚硝酸盐生物传感器的优化制备工艺条件为：往浓度为 10.57 mg/mL 的 *cc*NiR 溶液（溶解在 100 mM 的磷酸盐缓冲溶液中，pH7.6）中，加入 BSA（10.57 mg/mL）、MV（10%，w/v）、Nafion®（3%，v/v）和甘油（10%，v/v），混合均匀后，用 1 μL 的注射器将其涂布在工作电极敏感区域；另将 BSA（21.14 mg/mL）、MV（10%，w/v）、Nafion®（3%，v/v）和甘油（10%，v/v）溶解在磷酸盐缓冲溶液（100 mM，pH7.6）中，用 1 μL 的注射器涂布在参比电极敏感区域。然后将电极放入饱和戊二醛蒸汽中交联 40 min，再在空气中干燥 10 min。用磷酸盐缓冲液（100 mM，pH6.0）冲洗掉电极上多余的 GA，然后浸入相同的磷酸盐缓冲液中，在冰箱内 4℃下保藏。

9.3.2 试验变量的影响

本研究中使用连二亚硫酸钠将 MV^{2+} 还原成 $MV\cdot^{+}$，所以首先要确定连二亚硫酸钠的最佳投加量。在不投加连二亚硫酸钠的情况下，电导型亚硝酸盐生物传感器对亚硝酸盐无响应；连二亚硫酸钠浓度达到1.0 mM后，响应值基本稳定。因此，后面的研究均采用 1.0 mM 的连二亚硫酸钠。

酶活性受工作缓冲溶液 pH 值的影响很大。改变 5.0 mM 磷酸盐缓冲溶液的 pH 值，研究电导型亚硝酸盐生物传感器对 50 mM 亚硝酸盐的电导响应。如图 9－7 所示，最大响应值出现在缓冲溶液 pH 值为 6.5 时，这与陈浩等[256]的研究结论一致。pH7.6 是保存 *cc*NiR 和维持其活性最佳值；而从反应式(9－5)可以看出，亚硝酸盐还原反应需要消耗大量的 H^{+}。所以，综合这两个因素，pH6.5 对于 *cc*NiR 发挥其最大催化活性是一个比较理想的 pH 值，在后面的研究中均采用此值。

工作缓冲溶液浓度对电导型亚硝酸盐生物传感器的响应影响如图 9－8

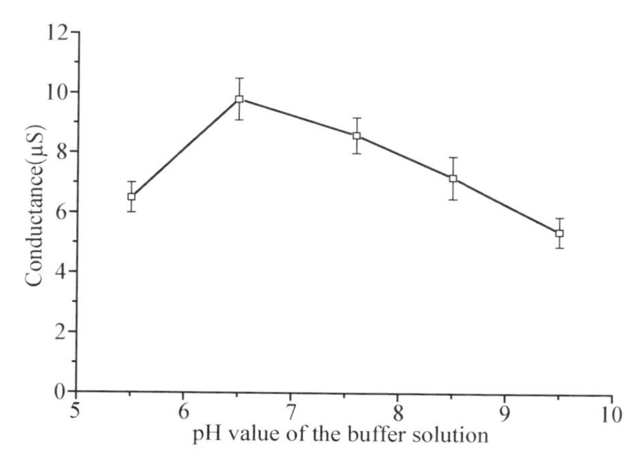

图 9－7　工作缓冲溶液 pH 值对电导型亚硝酸盐生物传感器的响应影响

注：测量在室温下的 PBS (5.0 mM)中进行，亚硝酸盐浓度为 50 μM

所示。从图中可知，最佳工作缓冲溶液浓度为 5.0 mM。缓冲溶液浓度对生物传感器响应的影响主要是由于生物传感器在缓冲溶液中质子载体运输通道，即缓冲溶液中质子会与复合酶膜中的质子进行交流，形成质子在酶膜中扩散的第 3 通道[123]。缓冲溶液浓度较低，离子强度下降，缓冲能力也下降；而较高的缓冲溶液浓度会导致溶液中总电导过大，对复合酶膜中的电导变化也产生干扰，使电极对电导值的微小变化反应灵敏性下降[239]。后面的研究中缓冲溶液浓度均采用 5.0 mM。

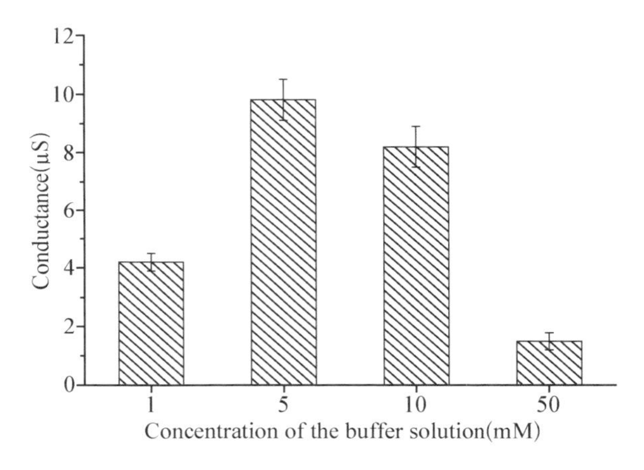

图 9-8　工作缓冲溶液浓度对电导型亚硝酸盐生物传感器的响应影响

注：测量在室温下的 PBS(pH6.5)中进行，亚硝酸盐浓度为 50 μM

同大多数生物酶一样，*cc*NiR 的催化活性也受到温度的影响。图 9-9 反映了温度对电导型亚硝酸盐生物传感器的响应影响，传感器在 20～35℃ 对亚硝酸盐均有良好的响应，最佳工作温度为 30℃。当工作温度高于 40℃ 后，传感器的响应值迅速下降，可能是由于酶活性下降造成的。这些结果与陈浩等[256]的研究一致。

综合上述结果，电导型亚硝酸盐生物传感器的优化工作条件为：工作缓冲溶液采用磷酸盐缓冲溶液（100 mM，pH6.0），投入的反应启动剂连二亚硫酸钠浓度为 1.0 mM，温度为 30℃。

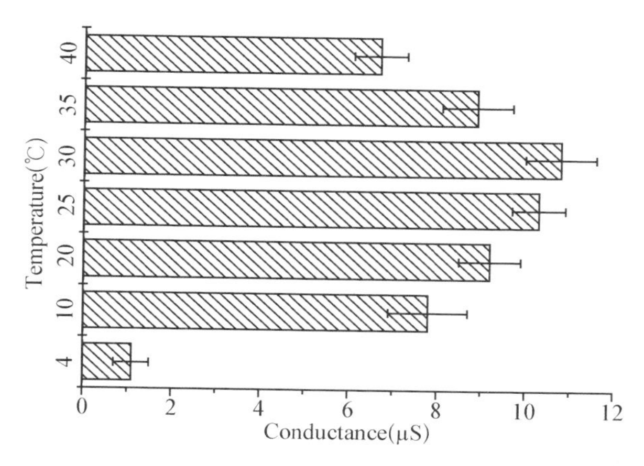

图 9－9　工作温度对电导型亚硝酸盐生物传感器的响应影响

注：测量在室温下的 PBS (5.0 mM, pH6.5)中进行，亚硝酸盐浓度为 50 μM

9.3.3　工作曲线

生物传感器在 25℃和 30℃工作条件下对亚硝酸盐的电导响应值非常接近，而试验室的室温约为 25℃，所以从简化试验操作角度考虑，保持其他所有因素为优化值，在室温条件下绘制电导型亚硝酸盐生物传感器的工作曲线。电导型亚硝酸盐生物传感器对不同浓度亚硝酸盐的电导响应值如图 9－10 所示。传感器对不同浓度亚硝酸盐响应的线性回归方程为：C (μS) $=0.1250+0.1972$ [NO_2^-] (μM)，$R^2=0.9993$。传感器的线性响应范围为 0.2—120 μM，灵敏度为 0.194 μS/μM [NO_2^-]，检测限为 0.05 μM(信噪比为 3)。不同传感器间的标准偏差在 6%以内。传感器的这些性能适合于实际水体中亚硝酸盐的分析。

随着亚硝酸盐浓度的升高，电导响应值逐渐偏离其线性回归方程；在 ccNiR 酶促反应中，当亚硝酸盐浓度达到饱和时，电导响应值变化变小，并渐渐趋于常数。因为大部分酶促反应都符合 Michaelis-Menten 模型式(9－7)，所以将模型式(9－7)进行 Lineweaver-Burk 双倒数变形得方程式

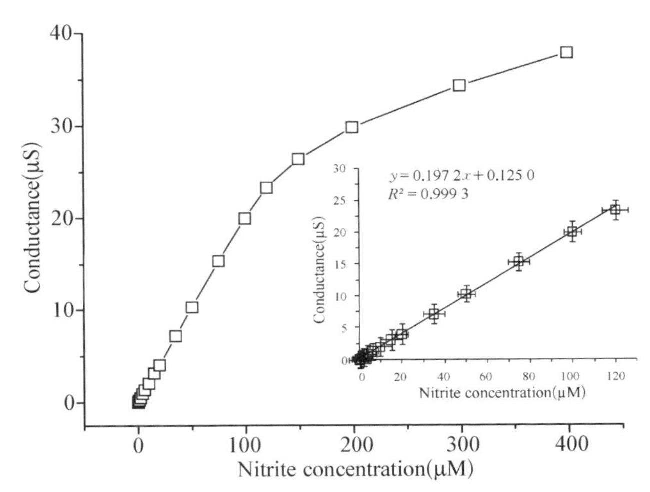

图 9-10 电导型亚硝酸盐生物传感器的工作曲线

注：测量在室温下的 PBS (5.0 mM, pH6.5)中进行，图中竖直标准误和水平标准误分别指同一传感器多次的测定结果和不同传感器之间的测定结果

(9-8)，用它来对整条曲线进行线性拟合。

$$C = C_{max} \times [NO_2^-] / (K_M^{app} + [NO_2^-]) \tag{9-7}$$

$$1/C = (K_M^{app} / C_{max}) \times 1/[NO_2^-] + 1/C_{max} \tag{9-8}$$

根据线性拟合方程求得 $K_M^{app} = 338\ \mu M$，$C_{max} = 80\ \mu S$。米氏常数 K_M^{app} 的大小可表示酶对基质的亲和性，K_M^{app} 值越小表示酶对基质的亲和力越大[265]。而从生物传感器角度来看，K_M^{app} 值可以表示传感器上生物膜对基质亲和力。基于 Nafion® 和 MV 固定 ccNiR 安培型亚硝酸盐生物传感器的米氏常数为 1.27 mM[249]，电导型亚硝酸盐生物传感器的米氏常数远于此值，表明亚硝酸盐在电导型生物传感器复合酶膜内的遇到的传质阻力非常小，有利于酶促反应的快速进行。

9.3.4 稳定性分析

传感器的保藏稳定性是其主要性能指标之一。关于生物传感器因化学试剂或环境温度等因素而失去检测功能的文献报道已有许多[100,266]。我们制备的电导型亚硝酸盐生物传感器在 PBS（100 mM，pH7.6）中 4℃下保藏。为了检查其稳定性，定期测定其对 50 μM 亚硝酸盐的电导响应值，测定条件与工作曲线一致。试验结果如图 9-11 所示，传感器在第一周内保持较高的响应和稳定性，然后随着测定次数的增加和保藏时间的延长，性能逐渐下降；3 周后，其仍保持约 50%的响应；若在保藏过程中减少传感器使用次数在 5 次之内，1 个月后，其仍能保留近 75%的响应。传感器电导响应的下降可能是由于酶活性下降，也与使用次数过多造成的酶泄漏和 MV 的流失有关[249]。

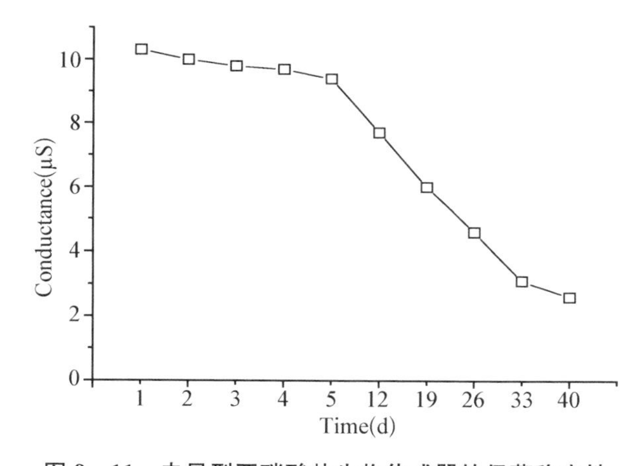

图 9-11　电导型亚硝酸盐生物传感器的保藏稳定性

注：测量在室温下的 PBS（5.0 mM，pH6.5）中进行，亚硝酸盐浓度为 50 μM

9.3.5　离子干扰

硝酸盐和亚硝酸盐常在同一环境中共存。所以，必须研究硝酸盐及自然水体中常见阴子对电导型亚硝酸盐生物传感器检测结果的影响。干扰程度的计算采用传感器对 50 μM 的 KNO_3、KCl、K_2SO_4、K_2SO_3、KCO_3或 $KHCO_3$的电导响应值与对 50 μM 的亚硝酸盐的电导响应值之比，以百分数计。从试验结果来看，各种阴离子对亚硝酸盐检测的干扰均在 3%以内，几乎可以忽略。

9.3.6 应用实例

将电导型亚硝酸盐生物传感器用于分析 4 个实际水样中亚硝酸盐的浓度。首先对水样进行预处理，将水样用 0.45 μM 聚四氟乙烯膜过滤，并用氮气吹脱 15 min。然后，按照与标准曲线测定相同的方法检测水样中的亚硝酸盐。利用加标测回收率法来确定电导型亚硝酸盐生物传感器的应用可靠性。检测结果如表 9-2 所示。从表可知，传感器对实际水样的加标回收率在 105%～109%之间，在实际应用中是可以接受的。

表 9-2 电导型亚硝酸盐生物传感器对实际水样的分析(n=5)

水样	[NO_2^-] (μM)	加标量 (μM)	最终浓度 (μM)	回收率 (%)
Chaudanne River	0.7±0.2	1.0	1.8±0.3	106%
Saône River	1.5±0.2	1.0	2.6±0.3	105%
Givors Entrée	0.7±0.3	1.0	1.9±0.3	109%
Givors Intermédiaire	2.8±0.3	3.0	6.0±0.4	107%

将我们制备的简单、廉价电导型亚硝酸盐生物传感器与文献报道的采用同种催化酶——ccNiR 的安培型亚硝酸盐生物传感器的性能进行比较。Da Silva 等[247]研制的基于聚吡咯紫精固定 ccNiR 安培型亚硝酸盐生物传感器的最佳操作温度为 30℃，线性检测范围为 5.4～43.4 μM；Almeida 等[249]研制的基于 Nafion® 和 MV 固定 ccNiR 安培型亚硝酸盐生物传感器的线性检测范围为 7.5～800 μM，最低检测限为 60 μM。这两种传感器在保藏 7 天后，就失去了亚硝酸盐的响应。陈浩等[256]研制的基于[ZnCr—AQS] LDH 固定 ccNiR 安培型亚硝酸盐生物传感器的线性检测范围为 0.015～2.35 μM，检测限为 4 nM，在保藏 32 天后，仍然保持 60%的响应。

与这些传感器相比，电导型亚硝酸盐生物传感器不仅拓展了对亚硝酸盐检测的线性范围，还具备了响应速度快、检测结果重现性好、保藏稳定性强和抗干扰效果好等特点。再加上制作简易、成本较低等优势，使它有希望应用于水体亚硝酸盐的在线监测。

9.4　本章小结

(1) 利用饱和戊二醛蒸汽将复合酶膜固定在十字交联电极上，成功制备了电导型亚硝酸盐生物传感器。

(2) 电导型亚硝酸盐生物传感器对不同浓度亚硝酸盐响应的线性回归方程为：C (μS)＝0.125 0＋0.197 2 [NO_2^-] (μM)，R^2＝0.999 3。传感器的线性响应范围为 0.2～120 μM，灵敏度为 0.194 μS/μM [NO_2^-]，检测限为 0.05 μM(信噪比为 3)。不同传感器间的标准偏差在 6%以内。

(3) 传感器在第一周内保持较高的响应和稳定性，然后随着测定次数的增加和保藏时间的延长，性能逐渐下降；3 周后，其仍保有约 50%的响应；若在保藏过程中减少传感器使用次数在 5 次之内，1 个月后，其仍能保留近 75%的响应。

(4) 各种阴离子对亚硝酸盐检测的干扰均在 3%以内，几乎可以忽略。

(5) 由表可知，传感器对实际水样的加标回收率在 105%～109%之间，在实际应用中是可以接受的。

第10章 结论与建议

10.1 结　　论

(1) 通过用新鲜培养基代替蒸馏水来做空白实验，提高了絮凝剂产生菌的筛选标准，从混合活性污泥中筛选出一株能产生高效 MBF 的优良菌株 TJ-1，所产 MBF(命名为 TJ-F1)对高岭土悬液的絮凝活性达 91%。经 16S rDNA 测序和生理生化实验鉴定，TJ-1 为奇异变形杆菌(*Proteus mirabilis*)，这是首次发现奇异变形杆菌能产生 MBF，其在 Genbank 的 Accession No.(登录号)为 EF091150。

(2) 生长曲线分析表明，TJ-1 产 MBF 的主要阶段是静止期；优化培养基为：葡萄糖 10 g/L，蛋白胨 1 g/L，$MgSO_4$ 0.3 g/L，KH_2PO_4 2 g/L，K_2HPO_4 5 g/L，pH 值为 7.0；优化培养条件：25℃，130 r/min 的摇床转速，接种量 0.2% (v/v)；在优化培养环境中所产 MBF 的絮凝活性高达 93.13%。

(3) 从 1 L 发酵液中可提取 1.33 g 纯化的固态 TJ-F1；各种分析表征手段表明，纯化的 TJ-F1 呈线性晶态结构，由多糖(63.1%)和蛋白质(30.9%)等组成，含有 O—H，N—H，C—H，C=C 和—COOH 等功能基团，分子量为 1.2×10^5 Da，属于有机高分子。

(4) TJ-F1 能够通过范德华力对颗粒物进行吸附；在碱性条件下有更多的吸附点，利于吸附架桥能力增强，絮凝效果更佳；$CaCl_2$ 是能够有效降低 TJ-F1 絮凝体系的电负性，是 TJ-F1 发挥良好絮凝性能的助凝剂；在 TJ-F1 絮凝过程中，有沉淀网捕作用的存在，提升了 TJ-F1 的絮凝性能。

(5) TJ-F1 能够有效改善污泥沉降性能，加速泥水分离，增强泥水分离效果，可应用于解决活性污泥膨胀问题；对污泥脱水效果优于 PAC 和 PAM，是一种良好的污泥脱水剂，对于减少 PAC、PAM 的使用量、保护环境具有重要的现实意义。

(6) 作为一种染料吸附剂，TJ-F1 具有吸附容量大、速度快等优点，能够有效地从溶液中吸附阳离子艳蓝 RL，达到给废水脱色的目的；TJ-F1 对阳离子艳蓝 RL 的吸附动力学可用伪二级动力学方程拟合；TJ-F1 对阳离子艳蓝 RL 的吸附为放热反应，吸附等温线符合 Langmuir 和 Freundlich 等温吸附模型。

(7) 奶糖废水和豆浆废水可以共同作为 TJ-1 产生 MBF 的碳氮源，最佳配比为 4∶1，所产 MBF 的絮凝活性为 82.45%，在节约这两种废水处理费用的同时，实现了它们的资源化利用。

(8) 利用从埃希氏大肠杆菌细胞中提取的麦芽糖磷酸化酶，研制出了单酶电导型磷酸盐生物传感器。单酶电导型磷酸盐生物传感器的最佳操作条件为：30℃下，以含有 20 mM 麦芽糖的柠檬酸盐缓冲溶液(100 mM，pH6.0)为工作缓冲溶液。根据传感器在室温下工作的标准曲线，它对磷酸盐浓度检测有两个线性范围，分别为 1.0～20 μM 和 20～400 μM，检测限为 1.0 μM(信噪比为 3)。水中常见阴离子不会对电导型磷酸盐生物传感器的检测结果形成明显干扰；电导型磷酸盐生物传感器在 20～50℃均能工作，有较好的温度稳定性；在保藏 2 个月后，电导型磷酸盐生物传感器仍有 70%的响应，有较好的保藏稳定性；对实际水样的分析结果表明，电导型磷酸盐生物传感器可用于较清洁的地表水体中磷酸盐的分析。

(9) 利用从硫酸盐还原细菌细胞中提取的细胞色素 c 亚硝酸盐还原酶，研制出了电导型亚硝酸盐生物传感器。电导型亚硝酸盐生物传感器的最佳操作条件为：30℃下，以含有磷酸盐缓冲溶液(100 mM，pH6.5)为工作缓冲溶液，用 1 mM 的连二亚硫酸钠启动生化反应。根据传感器在室温下工作的标准曲线，它的线性响应范围为 0.2～120 μM，灵敏度为 0.194 μS/μM[NO_2^-]，检测限为 0.05 μM(信噪比为 3)。不同传感器间的标准偏差在 6%以内。水中常见阴离子不会对电导型亚硝酸盐生物传感器的检测结果形成明显干扰；电导型亚硝酸盐生物传感器在 20～35℃均能工作；电导型亚硝酸盐生物传感器在保藏的第一周内能保持较高的响应和稳定性，然后随着测定次数的增加和保藏时间的延长，性能逐渐下降；3 周后，其仍保有约 50%的响应；若在保藏过程中减少传感器使用次数在 5 次之内，1 个月后，其仍能保留近 75%的响应；对实际水样的分析结果表明，电导型亚硝酸盐生物传感器可用于较清洁的地表水体中亚硝酸盐的分析。

10.2 建　　议

(1) 在本研究的基础上，进一步降低 MBF 的生产成本；尝试构建既能利用有机废水中的难降解物质，如苯酚、2,4 -二氯酚和邻硝基酚等，又能产生 MBF 的多功能菌，在去除难降解污染物的同时，生产 MBF，实现环境效益与经济效益、社会效益的统一。

(2) 深入研究 MBF 处理各类废水的效果及工艺条件，尤其是在废水除磷及特种工业废水处理方面；对 MBF 处理废水进行中试研究，并加强其与 PAC、PAM 等复配使用研究，提升絮凝效果和除磷效果；对其应用于实际工程进行技术和经济可行性分析。

(3) 在现有成果的基础上，进一步研究电导型复合水体富营养化监测生物传感器，即将电导型硝酸盐生物传感器（已由王学江副教授开发完成）、电导型亚硝酸盐生物传感器和单酶电导型磷酸盐生物传感器进行整合，实现在一个复合传感器上能够同时监测水体富营养化的 3 个主要指标。

(4) 结合中国江湖、湖泊、海湾及近海的水质特点，开发适于这些水域的水体富营养化状况监控的生物传感器。

(5) 研制可用于在线监测水体富营养化状况的生物传感器，既可对水体富营养化现状和发展趋势进行快速评估，又可为水体富营养化的治理、保护和预警等提供科学指导。

(6) 将生物絮凝剂与生物传感器技术进行整合，在含有生物絮凝剂的水处理工艺中，采用生物传感器来监测处理前后水质的变化，并根据进水水质和出水要求自动调节运行工艺参数，实现绿色水处理过程与控制。

(7) 开发出一系列针对特定污染物，如重金属、持久性有机污染物（permanent organic pollutants, POPs）、内分泌干扰物（endocrine disrupting chemicals, EDCs）和全氟取代化合物（Perfluorinated compounds, PFCs）等的生物传感器，及时、快速、准确地监控环境质量与安全，为加强环境保护提供有力的技术支持。

参考文献

[1] 中华人民共和国环境保护部. 2006年中国环境状况公报[R/OL]. [2007-06-04]. http://www.zhb.gov.cn/hjzl/zghjzkgb/lnzghjzkgb/201605/p020160526559046430351.pdf.

[2] 中华人民共和国住房和城乡建设部. 建设部关于全国城市污水处理情况的通报[R/OL]. [2005-10-10]. http://www.gxzj.com.cn/news.aspx? id=450.

[3] 中华人民共和国环境保护部. "十一五"期间全国主要污染物排放总量控制计划[Z/OL]. http://www.mep.gov.cn/.

[4] 中华人民共和国发展和改革委员会. 中华人民共和国国民经济和社会发展第十一个五年规划纲要[Z/OL]. [2007-3-16]. http://ghs.ndrc.gov.cn/zttp/ghjd/quanwen.

[5] 赵瑾. 国内有机高分子絮凝剂的开发及应用[J]. 工业水处理，2003，23(3)：9-12.

[6] 袁宗宣，郑怀礼，舒型武. 絮凝科学与技术进展[J]. 重庆大学学报(自然科学版)，2001，24(2)：143-147.

[7] 许保玖，龙腾锐. 当代给水与废水处理[M]. 北京：高等教育出版社，2000.

[8] 胡万里. 混凝·混凝剂·混凝设备[M]. 北京：化学工业出版社，2001.

[9] Zhang Z Q, Lin B, Xia S Q, et al. Production and application of a novel bioflocculant by multiple-microorganism consortia using brewery wastewater as

carbon source[J]. Journal of Environmental Sciences-China, 2007, 19(6): 667-673.

[10] Salehizadeh H, Shojaosadati S A. Extracellular biopolymeric flocculants — Recent trends and biotechnological importance[J]. Biotechnology Advances, 2001, 19(5): 371-385.

[11] 余荣升. 微生物絮凝剂的现状与前景分析[J]. 环境污染与防治, 2003, 25(2): 77-79.

[12] Wang S G, Gong W X, Liu X W, et al. Production of a novel bioflocculant by culture of Klebsiella mobilis using dairy wastewater[J]. Biochemical Engineering Journal, 2007, 36(2): 81-86.

[13] Li X M, Yang Q, Huang K, et al. Screening and characterization of a bioflocculant produced by Aeromonas sp[J]. Biomedical and Environmental Sciences, 2007, 20(4): 274-278.

[14] Riske F, Schroeder J, Belliveau J, et al. The use of chitosan as a flocculant in mammalian cell culture dramatically improves clarification throughput without adversely impacting monoclonal antibody recovery[J]. Journal of Biotechnology, 2007, 128(4): 813-823.

[15] Kaseamchochoung C, Lertsutthiwong P, Phalakornkule C. Influence of chitosan characteristics and environmental conditions on flocculation of anaerobic sludge[J]. Water Environment Research, 2006, 78(11): 2210-2216.

[16] Yokoi H, Obita T, Hirose J, et al. Flocculation properties of pectin in various suspensions[J]. Bioresource Technology, 2002, 84(3): 287-290.

[17] Zhang Z Q, Jaffrezi-renault N, Bessueille F, et al. Development of a conductometric phosphate biosensor based on tri-layer maltose phosphorylase composite films[J]. Analytica Chimica Acta, 2008, 615: 73-79.

[18] 国家发展计划委会员高技术产业发展司,中国生物工程学会. 中国生物技术产业发展报告(2002)[M]. 北京: 化学工业出版社, 2003.

[19] 刘淑梅,张淑芬. 环境生物技术的研究现状及发展趋势[J]. 环境科学与管理,

2005，30(4)：44－46.

[20] Nakamura J，Miyashiro S，Hirose Y. Purification and chemical analysis of microbial cell flocculant produced by Aspergillus sojae AJ7002[J]. Agricultural and Biological Chemistry，1976，40(3)：619－624.

[21] Rasooly A，Herold K E. Biosensors for the analysis of food — and waterborne pathogens and their toxins[J]. Journal of Aoac International，2006，89(3)：873－883.

[22] Rodriguez-mozaz S，De A M，Barcelo D. Biosensors as useful tools for environmental analysis and monitoring [J]. Analytical and Bioanalytical Chemistry，2006，386(4)：1025－1041.

[23] Rogers K R. Recent advances in biosensor techniques for environmental monitoring[J]. Analytica Chimica Acta，2006，568(1－2)：222－231.

[24] Rodriguez-mozaz S，De A M，Marco M P，et al. Biosensors for environmental monitoring — A global perspective[J]. Talanta，2005，65(2)：291－297.

[25] Castillo J，Gaspar S，Leth S，et al. Biosensors for life quality — Design，development and applications[J]. Sensors and Actuators B－Chemical，2004，102(2)：179－194.

[26] Rodriguez-mozaz S，Marco M P，De A M，et al. Biosensors for environmental applications：Future development trends[J]. Pure and Applied Chemistry，2004，76(4)：723－752.

[27] Rodriguez-mozaz S，Marco M P，De A M，et al. Biosensors for environmental monitoring of endocrine disruptors：a review article [J]. Analytical and Bioanalytical Chemistry，2004，378(3)：588－598.

[28] Rogers K R，Mascini M. Biosensors for field analytical monitoring[J]. Field Analytical Chemistry and Technology，1998，2(6)：317－331.

[29] Anth P F. 生物传感器：过去，现在和将来[J]. 化学传感器，1996，16(4)：241－246.

[30] Biagini R E，Smith J P，Sammons D L，et al. Analytical performance criteria —

The use of immunochemical and biosensor methods for occupational and environmental monitoring: Part I: Introduction to immunoassays[J]. Journal of Occupational and Environmental Hygiene, 2008, 5(2): 25 - 32.

[31] Chinalia F A, Paton G I, Killham K S. Physiological and toxicological characterization of an engineered whole-cell biosensor [J]. Bioresource Technology, 2008, 99(4): 714 - 721.

[32] Khanna V K. New-generation nano-engineered biosensors, enabling nanotechnologies and nanomaterials[J]. Sensor Review, 2008, 28(1): 39 - 45.

[33] Zhang L R, Xing D, Wang J S. A non-invasive and real-time monitoring of the regulation of photosynthetic metabolism biosensor based on measurement of delayed fluorescence in vivo[J]. Sensors, 2007, 7(1): 52 - 66.

[34] Cui Y, Barford J P, Renneberg R. Development of an interference-free biosensor for glucose - 6 - phosphate using a bienzyme-based Clark-type electrode[J]. Sensors and Actuators B - Chemical, 2007, 123(2): 696 - 700.

[35] Lei Y, Chen W, Mulchandani A. Microbial biosensors[J]. Analytica Chimica Acta, 2006, 568(1 - 2): 200 - 210.

[36] Viveros L, Paliwal S, Mccrae D, et al. A fluorescence-based biosensor for the detection of organophosphate pesticides and chemical warfare agents[J]. Sensors and Actuators B - Chemical, 2006, 115(1): 150 - 157.

[37] Vasilescu A, Ballantyne S M, Cheran L E, et al. Surface properties and electromagnetic excitation of a piezoelectric gallium phosphate biosensor[J]. Analyst, 2005, 130(2): 213 - 220.

[38] Vollmer A C, Van D T. Stress responsive bacteria: Biosensors as environmental monitors[M]. Advances in Microbial Physiology, 2004, 49: 131 -174.

[39] Sandstrom K J, Sunesson A L, Levin J O, et al. A gas-phase biosensor for environmental monitoring of formic acid: laboratory and field validation[J]. Journal of Environmental Monitoring, 2003, 5(3): 477 - 482.

[40] Rosa C C, Cruz H J, Vidal M, et al. Optical biosensor based on nitrite reductase

immobilised in controlled pore glass[J]. Biosensors & Bioelectronics, 2002, 17(1-2): 45-52.

[41] Campanella L, Cubadda F, Sammartino M P, et al. An algal biosensor for the monitoring of water toxicity in estuarine environments[J]. Water Research, 2001, 35(1): 69-76.

[42] Chiti G, Marrazza G, Mascini M. Electrochemical DNA biosensor for environmental monitoring[J]. Analytica Chimica Acta, 2001, 427(2): 155-164.

[43] Salins L L, Wenner B R, Daunert S. Fiber optic biosensor for phosphate based on the analyte-induced conformational change of genetically engineered phosphate binding protein[J]. Abstracts of Papers of the American Chemical Society, 1999, 217: 792-792.

[44] Dzyadevich S V, Soldatkin A P, Shulga A A, et al. Conductometric Biosensor for Determination of Organophosphorus Pesticides[J]. Journal of Analytical Chemistry, 1994, 49(8): 789-792.

[45] 武宝利,张国梅,高春光,等. 生物传感器的应用研究进展[J]. 中国生物工程杂志,2004, 24(7): 65-69.

[46] Butterfield C T. Studies of sewage purification II. A Zooglea-forming Bacterium isolated from activated sludge[J]. Public Health Reports, 1935, 50(3): 671-681.

[47] Mckinney R E. Biological flocculation[M]//Biological treatment of sewage and industrial wasters. New York: Reinhold, 1956: 88-117.

[48] Zajic J E, Knetting E. Flocculants from paraffinic hydrocarbons. Development in industrial microbiology[M]. Washington DC: American Institute of Biological Science, 1971: 87-98.

[49] Nakamura J, Miyashiro S, Hirose Y. Conditions for production of microbial cell flocculant by Aspergillus sojae AJ7002[J]. Agricultural and Biological Chemistry, 1976, 40(7): 1341-1347.

[50] Fattom A, Shilo M. Phormidium J-1 bioflocculant — production and activity

[J]. Archives of Microbiology, 1984, 139(4): 421 - 426.

[51] Levy N, Baror Y, Magdassi S. Flocculation of bentonite particles by a cyanobacterial bioflocculant[J]. Colloids and Surfaces, 1990, 48(4): 337 - 349.

[52] Levy N, Magdassi S, Baror Y. Physicochemical aspects in flocculation of bentonite suspensions by a cyanobacterial bioflocculant[J]. Water Research, 1992, 26(2): 249 - 254.

[53] Takagi H, K K. Flocculant production by Paecilomyces sp. Taxonomic studies and culture conditions for production[J]. Agricutural and Biological Chemistry, 1985, 49(11): 3151 - 3157.

[54] Takagi H, Kadowaki K. Purification and chemical properties of a flocculant produced by Paecilomyces[J]. Agricultural and Biological Chemistry, 1985, 49 (11): 3159 - 3164.

[55] Kurane R, Toeda K, Takeda K, et al. Culture conditions for production of microbial flocculant by Rhodococcus erythropolis[J]. Agricultural and Biological Chemistry, 1986, 50(9): 2309 - 2313.

[56] Kurane R, Tomizuka N. Towards new biomaterial produced by microorganism — bioflocculant and boabsorbent[J]. Nippon Kagaku Kaishi, 1992(5): 453 - 463.

[57] Kurane R, Nohata Y. Microbial flocculantion of waste liquids and oil emulsion by a bioflocculant from Alcaligenes latus[J]. Agricultural and Biological Chemistry, 1991, 55(4): 1127 - 1129.

[58] Kurane R, Hatamochi K, Kakuno T, et al. Production of a bioflocculant by rhodococcus erythropolis S - 1 grown o alcohols[J]. Bioscience Biotechnology and Biochemistry, 1994, 58(2): 428 - 429.

[59] Kurane R, Matsuyama H. Production of a bioflocculant by mixed culture[J]. Bioscience Biotechnology and Biochemistry, 1994, 58(9): 1589 - 1594.

[60] Toeda K, Kurane R. Microbial flocculant from Alcaligenes cupidus KT201[J]. Agricultural and Biological Chemistry, 1991, 55(11): 2793 - 2799.

[61] Takeda M, Koizumi J, Matsuoka H, et al. Factors affecting the activity of a protein bioflocculant produced by Nocardia amarae[J]. Journal of Fermentation and Bioengineering, 1992, 74(6): 408 - 409.

[62] Lee S H, Lee S O, Jang K L, et al. Microbial flocculant from Arcuadendron sp. TS - 49[J]. Biotechnology Letters, 1995, 17(1): 95 - 100.

[63] Dermlim W, Prasertsan P, Doelle H. Screening and characterization of bioflocculant produced by isolated Klebsiella sp[J]. Applied Microbiology and Biotechnology, 1999, 52(5): 698 - 703.

[64] Salehizadeh H, Vossoughi M, Alemzadeh I. Some investigations on bioflocculant producing bacteria[J]. Biochemical Engineering Journal, 2000, 5(1): 39 - 44.

[65] Son M K, Shin H D, Huh T L, et al. Novel cationic microbial polyglucosamine biopolymer from new Enterobacter sp BL - 2 and its bioflocculation efficacy[J]. Journal of Microbiology and Biotechnology, 2005, 15(3): 626 - 632.

[66] Son M K, Hong S J, Lee Y H. Acetate-mediated pH-stat fed-batch cultivation of transconjugant Enterobacter sp BL - 2S over-expressing glmS gene for excretive production of microbial polyglucosamine PGB - 1 [J]. Journal of Industrial Microbiology & Biotechnology, 2007, 34(12): 799 - 805.

[67] Wang Z, Wang K X, Xie Y M. Screening of flocculant-producing microorganisms and some characteristics of flocculants [J]. Biotechnology Techniques, 1994, 8(11): 831 - 836.

[68] 王镇,王孔星. 几种微生物絮凝剂的裂解气相色谱分析[J]. 微生物学通报, 1994, 21(6): 343 - 347.

[69] 孟琴,张国亮. 新型生物絮凝剂——生物材料的絮凝效果评价[J]. 环境化学, 1998, 17(4): 355 - 359.

[70] 张志强,余莹,林波. 微生物絮凝剂的研究概况与发展趋势[J]. 江西科学,2003, 21(2): 136 - 140.

[71] Shih I L, Van Y T, Chang, et al. Application of statistical experimental methods to optimize production of poly(γ - glutamic acid) by Bacillus Licheniformis CCRC

12826[J]. Enzyme and Microbial Technology, 2002, 31(3): 213 - 220.

[72] 陆茂林,施大林. 微生物絮凝剂产生菌的筛选和发酵条件研究[J]. 工业微生物, 1997, 27(2): 25 - 2833.

[73] 李智良,张本兰,裴健. 微生物絮凝剂产生菌的筛选及相关废水絮凝效果试验[J]. 应用与环境微生物学报,1997, 3(1): 67 - 70.

[74] 庄源益,李彤. 生物絮凝剂除浊脱色作用的初步研究[J]. 城市环境与城市生态, 1997, 10(4): 5 - 8.

[75] 宫小燕,王竞,周集体. 微生物絮凝剂产生菌的筛选及培养条件优化[J]. 环境科学研究,1999, 12(4): 9 - 11.

[76] 邓述波. 微生物絮凝剂 MBFA9 的研究[D]. 沈阳: 东北大学, 1999.

[77] 黄民生,沈荣辉. 微生物絮凝剂研制的废水净化研究[J]. 上海大学学报: 自然科学版,2001, 7(3): 244 - 248.

[78] 常玉广,马放,郭静波,等. 絮凝基因的克隆及其絮凝形态表征[J]. 高等学校化学学报,2007, 28(9): 1685 - 1689.

[79] 柴晓利,赵由才. 微生物絮凝剂用于垃圾填埋场渗滤液后处理的研究[J]. 黑龙江科技学院学报,2003, 13(3): 6 - 8.

[80] 刘紫鹃. 巨大芽孢杆菌 Bacillus megaterium A25 产生生物絮凝剂的研究[D]. 成都: 中国科学院生物研究所, 2000.

[81] 何宁. Corynebacteriumglutamicum CCTCCM 201005 合成新型生物絮凝剂 REA - 11 的研究[D]. 无锡: 江南大学, 2001.

[82] Zhang J, Wang R, Jiang P, et al. Production of an exopolysaccharide bioflocculant by Sorangium cellulosum[J]. Letters in Applied Microbiology, 2002, 34(3): 178 - 181.

[83] 王琴. 复合型生物絮凝剂的絮凝机理与生产工艺研究[D]. 哈尔滨: 哈尔滨工业大学, 2005.

[84] 张志强. 复合菌群产微生物絮凝剂(MBF)的研究[D]. 南昌: 南昌大学, 2005.

[85] 王劲松,胡勇有. 微生物絮凝剂促进厌氧污泥颗粒化及其机制的研究[J]. 环境科学学报,2005, 25(3): 361 - 366.

[86] 蔡春光. 胞外多聚物对污泥絮凝性能、颗粒化及重金属吸附的基础研究[D]. 上海：上海交通大学，2004.

[87] Liu Y, Fang H H P. Influence of extracellular polymeric substances (EPS) on flocculation, settling and dewatering of activated sludge[J]. Critical Reviews in Environmental Science and Technology, 2003, 33(3): 237 - 273.

[88] 易华. 生物絮凝剂的研究及应用现状[J]. 大庆师范学院学报，2006，26(2)：57 - 59.

[89] Takeda M, Kurane R, Koizumi J, et al. A protein bioflocculant produced by Rhodococcus erythropolis[J]. Agricultural and Biological Chemistry, 1991, 55 (10): 2663 - 2664.

[90] Kurane R, Hatamochi K, Kakuno T, et al. Purification and characterization of lipid bioflocculant produced Rhodococcus erythropolis [J]. Bioscience Biotechnology and Biochemistry, 1994, 58(11): 1977 - 1982.

[91] Kurane R, Hatamochi K, Kakuno T, et al. Chemcial structure of lipid bioflocculant produced by Rhodococcus erythropolis[J]. Bioscience Biotechnology and Biochemistry, 1995, 59(9): 1652 - 1656.

[92] Deng S B, Yu G, Ting Y P. Production of a bioflocculant by Aspergillus parasiticus and its application in dye removal[J]. Colloids and Surfaces B - Biointerfaces, 2005, 44(4): 179 - 186.

[93] Zouboulis A I, Chai X L, Katsoyiannis I A. The application of bioflocculant for the removal of humic acids from stabilized landfill leachates[J]. Journal of Environmental Management, 2004, 70(1): 35 - 41.

[94] Shih I L, Van Y T. The production of poly-(gamma-glutamic acid) from microorganisms and its various applications[J]. Bioresource Technology, 2001, 79(3): 207 - 225.

[95] Kurane R, Nohata Y. A new water-absorbing polysaccharide from Alcaligenes latus[J]. Bioscience, Biotechnology, and Biochemistry, 1994, 58: 235 - 238.

[96] Clark L C, Lyons C. Electrode systems for continuous monitoring in

cardiovascular surgery[J]. Annals of the New York Academy of Sciences, 1962, 102: 29 - 45.

[97] Updike S J, Hicks G P. Reagentless substrate analysis with immobilized enzymes [J]. Science, 1967, 158: 270 - 272.

[98] Divies C. Ethanol oxidation by an acetobacter xylinum microbial electrode[J]. Ann Microbial, 1975, 126: 175 - 186.

[99] 铃木周一. 生物传感器[M]. 霍纪文,等译. 北京: 科学出版社, 1988.

[100] Reinhard R, Florian S, Frieder S. Coupled enzyme reactions for novel biosensors[J]. Trends in Biochemical Sciences, 1986, 11(5): 216 - 220.

[101] Karube I, Suzuki S. Glucose sensor using immobilized whole cells of pseudomonas fluorescens[J]. Applied Microbiology and Biotechnology, 1979, 7: 343 - 350.

[102] Okochi M, Mina K, Miyata M, et al. Development of an automated water toxicity biosensor using Thiobacillus ferrooxidans for monitoring cyanides in natural water for a water filtering plant[J]. Biotechnology and Bioengineering, 2004, 87(7): 905 - 911.

[103] Radhika V, Milkevitch M, Audige, V, Proikas-cezanne T, et al. Engineered Saccharomyces cerevisiae strain BioS - 1, for the detection of water-borne toxic metal contaminants [J]. Biotechnology and Bioengineering, 2005, 90 (1): 29 - 35.

[104] Long F, Shi H C, He M, et al. Sensitive and rapid detection of 2, 4 - dicholorophenoxyacetic acid in water samples by using evanescent wave all-fiber immunosensor[J]. Biosensors & Bioelectronics, 2008, 23(9): 1361 - 1366.

[105] Mello L D, Kubota L T. Biosensors as a tool for the antioxidant status evaluation[J]. Talanta, 2007, 72(2): 335 - 348.

[106] Michel C, Ouerd A, Battaglia-brunet F, et al. Cr(VI) quantification using an amperometric enzyme-based sensor: Interference and physical and chemical factors controlling the biosensor response in ground waters[J]. Biosensors &

Bioelectronics, 2006, 22(2): 285 - 290.

[107] Wang L H, Zhang L, Chen H L. Enzymatic biosensors for detection of organophosphorus pesticides [J]. Progress in Chemistry, 2006, 18 (4): 440 - 452.

[108] Okoh M P, Hunter J L, Corrie J E, et al. A biosensor for inorganic phosphate using a rhodamine-labeled phosphate binding protein[J]. Biochemistry, 2006, 45(49): 14764 - 14771.

[109] Kwan R C, Leung H F, Hon P Y, et al. Amperometric biosensor for determining human salivary phosphate[J]. Analytical Biochemistry, 2005, 343 (2): 263 - 267.

[110] Tang L, Zeng G M, Huang G H, et al. Toxicity testing in environmental analysis — application of inhibition based enzyme blosensors[J]. Transactions of Nonferrous Metals Society of China, 2004, 14: 14 - 17.

[111] Cooke J, Yan Y S, Chen W, et al. Dynamic nanoscale biosensor array for environmental monitoring[J]. Abstracts of Papers of the American Chemical Society, 2003, 226: 503 - 503.

[112] Cosnier S. Biosensors based on electropolymerized films: new trends [J]. Analytical and Bioanalytical Chemistry, 2003, 377(3): 507 - 520.

[113] Wang J L. The application of DNA biosensors for the environmental monitoring [J]. Progress in Biochemistry and Biophysics, 2001, 28(1): 125 - 128.

[114] Karube I, Nomura Y. Enzyme sensors for environmental analysis[J]. Journal of Molecular Catalysis B - Enzymatic, 2000, 10(1 - 3): 177 - 181.

[115] Killard A J, Smyth M R, Grennan K, et al. Rapid antibody biosensor assays for environmental analysis[J]. Biochemical Society Transactions, 2000, 28: 81 -84.

[116] Frense D, Muller A, Beckmann D. Detection of environmental pollutants using optical biosensor with immobilized algae cells[J]. Sensors and Actuators B - Chemical, 1998, 51(1 - 3): 256 - 260.

[117] Nomura Y, Chee G J, Karube I. Biosensor technology for determination of BOD[J]. Field Analytical Chemistry and Technology, 1998, 2(6): 333 - 340.

[118] Suzuki M, Kurata H, Inoue Y, et al. Reagentless phosphate ion sensor system for environmental monitoring[J]. Denki Kagaku, 1998, 66(6): 579 - 583.

[119] Pan S T, Arnold M A. Selectivity enhancement for glutamate with a Nafion/glutamate oxidase biosensor[J]. Talanta, 1996, 43(7): 1157 - 1162.

[120] Massone A G, Gernaey K, Bogaert H, et al. Biosensors for nitrogen control in wastewaters[J]. Water Science and Technology, 1996, 34(1 - 2): 213 - 220.

[121] Su Y S, Mascini M. AP - GOD biosensor based on a modified poly(phenol) film electrode and its application in the determination of low-levels of phosphate[J]. Analytical Letters, 1995, 28(8): 1359 - 1378.

[122] Manowitz P, Stoecker P W, Yacynych A M. Galactose Biosensors Using Composite Polymers to Prevent Interferences[J]. Biosensors & Bioelectronics, 1995, 10(3 - 4): 359 - 370.

[123] Soldatkin A P, Elskaya A V, Shulga A A, et al. Glucose-Sensitive Conductometric Biosensor with Additional Nafion Membrane — Reduction of Influence of Buffer Capacity on the Sensor Response and Extension of Its Dynamic-Range[J]. Analytica Chimica Acta, 1994, 288(3): 197 - 203.

[124] Marty J L, Mionetto N, Nogure T, et al. Enzyme sensors for the detection of pesticides[J]. Biosensors and Bioelectronics, 1993, 8(6): 273 - 280.

[125] 长孙东亭,罗素兰. 生物传感器[J]. 生物学通报, 2001, 36(11): 10 - 11.

[126] Yagi K. Applications of whole-cell bacterial sensors in biotechnology and environmental science[J]. Applied Microbiology and Biotechnology, 2007, 73(6): 1251 - 1258.

[127] Ron E Z. Biosensing environmental pollution[J]. Current Opinion in Biotechnology, 2007, 18(3): 252 - 256.

[128] 奚旦立,孙裕生,刘秀英. 环境监测(修订版)[M]. 北京: 高等教育出版社, 2005.

[129] 胡笑妍. 微生物传感器快速测定水中 BOD 的研究与探讨[J]. 职业圈，2007 (05X)：160－161.

[130] 丛丽，胡新萍. BOD 测定中微生物传感器法与稀释接种法的比较[J]. 环境保护科学，2007，33(1)：51－53.

[131] 王建龙，张悦. 生物传感器在环境污染监测中的应用研究[J]. 生物技术通报，2000(3)：13－18.

[132] Freire R S，Thongngamdee S，Duran N，et al. Mixed enzyme (laccase/tyrosinase)-based remote electrochemical biosensor for monitoring phenolic compounds[J]. Analyst，2002，127(2)：258－261.

[133] Andreescu S，Sadik O A. Correlation of analyte structures with biosensor responses using the detection of phenolic estrogens as a model[J]. Analytical Chemistry，2004，76(3)：552－560.

[134] Cosnier S，Gondran C，Watelet J C，et al. An bienzyme electrode (alkaline phosphatase polyphenol oxidase) for the amperometric determination of phosphate[J]. Analytical Chemistry，1998，70(18)：3952－3956.

[135] Su Y S，Mascini M. AP－GOD biosensor based on a modified poly(phenol) film electrode and its application in the determination of low-levels of phosphate[J]. Analytical Letters，1995，28(8)：1359－1378.

[136] 胡志鲜，白天雄. 酚微生物传感器快速测定仪的研制[J]. 河北轻工业学院学报，1998，19(1)：80－82.

[137] 郑怀礼，龚迎昆. 生物传感器在环境监测中的应用及发展前景[J]. 世界科技研究与发展，2002，24(3)：24－27.

[138] Zaborska W，Krajewska B，Olech Z. Heavy metal ions inhibition of jack bean urease：Potential for rapid contaminant probing[J]. Journal of Enzyme Inhibition and Medicinal Chemistry，2004，19(1)：65－69.

[139] Roh J Y，Lee J，Choi J. Assessment of stress-related gene expression in the heavy metal-exposed nematode Caenorhabditis elegans：A potential biomarker for metal-induced toxicity monitoring and environmental risk assessment[J].

Environmental Toxicology and Chemistry, 2006, 25(11): 2946 - 2956.

[140] Chouteau C, Dzyadevych S, Durrieu C, et al. A bi-enzymatic whole cell conductometric biosensor for heavy metal ions and pesticides detection in water samples[J]. Biosensors & Bioelectronics, 2005, 21(2): 273 - 281.

[141] Leth S, Maltoni S, Simkus R, et al. Engineered bacteria based biosensors for monitoring bioavailable heavy metals[J]. Electroanalysis, 2002, 14(1): 35 - 42.

[142] Larsen L H, Damgaard L R, Kjaer T, et al. Fast responding biosensor for on-line determination of nitrate/nitrite in activated sludge[J]. Water Research, 2000, 34(9): 2463 - 2468.

[143] Lee T Y, Tsuzuki M, Takeuchi T, et al. Quantitative determination of cyanobacteria in mixed phytoplankton assemblages by an in vivo fluorimetric method[J]. Analytica Chimica Acta, 1995, 302(1): 81 - 87.

[144] Hu J, Zhong C, Ding C, et al. Detection of near-atmospheric concentrations of CO_2 by an olfactory subsystem in the mouse[J]. Science, 2007, 317: 953 - 957.

[145] Charles P T, Gauger P R, Patterson Jr. C H, et al. On-Site Immunoanalysis of Nitrate and Nitroaromatic Compounds in Groundwater[J]. Environmental Science and Technology, 2000, 34(21): 4641 - 4650.

[146] Tschmelak J, Proll G, Gauglitz G. Optical biosensor for pharmaceuticals, antibiotics, hormones, endocrine disrupting chemicals and pesticides in water: Assay optimization process for estrone as example[J]. Talanta, 2005, 65(2): 313 - 323.

[147] Pritchard J, Law K, Vakurov A, et al. Sonochemically fabricated enzyme microelectrode arrays for the environmental monitoring of pesticides[J]. Biosensors & Bioelectronics, 2004, 20(4): 765 - 772.

[148] Bergen S K V, Bakaltcheva I B. On-site detection of explosives in groundwater with a fiber optic biosensor[J]. Environmental Science and Technology, 2000,

34(4)：704－708.

[149] 黄正，汪亚洲，王家玲. 细菌发光传感器在快速检测污染物急性毒性中的应用[J]. 环境科学，1997，18(4)：14－16.

[150] 韩树波. 伏安型细菌总数生物传感器的研究与应用[J]. 化学通报，2000，63(2)：49－51.

[151] Liu S Q，Ju H X. Nitrite reduction and detection at a carbon paste electrode containing hemoglobin and colloidal gold[J]. Analyst，2003，128(12)：1420－1424.

[152] Bassi A S，Tang D Q，Bergougnou M A. Mediated，amperometric biosensor for glucose－6－phosphate monitoring based on entrapped glucose－6－phosphate dehydrogenase，Mg2＋ions，tetracyanoquinodimethane，and nicotinamide adenine dinucleotide phosphate in carbon paste[J]. Analytical Biochemistry，1999，268(2)：223－228.

[153] Fernandez J J，Lopez J R，Correig X，et al. Reagentless carbon paste phosphate biosensors：preliminary studies[J]. Sensors and Actuators B－Chemical，1998，47(1－3)：13－20.

[154] Buchanan R. E. ，Gibbons N. E. 伯杰细菌鉴定手册[M]. 8 版. 北京：科学出版社，1984.

[155] 王锋. 16S rDNA 分子生物学分析技术在水处理工艺中的初步应用[D]. 上海：同济大学，2004.

[156] 周群英，高廷耀. 环境工程微生物学[M]. 北京：高等教育出版社，2000.

[157] Fujita M，Ike M，Jang J H，et al. Bioflocculation production from lower-molecular fatty acids as a novel strategy for utilization of sludge digestion liquor[J]. Water Science and Technology，2001，44(10)：237－243.

[158] Jang J H，Ike M，Kim S M，et al. Production of a novel bioflocculant by fed-batch culture of Citrobacter sp[J]. Biotechnology Letters，2001，23(8)：593－597.

[159] Yokoi H，Aratake T，Hirose J，et al. Simultaneous production of hydrogen and

bioflocculant by Enterobacter sp BY - 29[J]. World Journal of Microbiology & Biotechnology, 2001, 17(6): 609 - 613.

[160] Nakata K, Kurane R. Production of an extracellular polysaccharide bioflocculant by Klebsiella pneumoniae[J]. Bioscience Biotechnology and Biochemistry, 1999, 63(12): 2064 - 2068.

[161] Moon S H, Hong S D, Kwon G S, et al. Determination of medium components in the flocculating activity and production of Pestan produced by Pestalotiopsis sp. by using the Plackett-Burman design[J]. Journal of Microbiology and Biotechnology, 1998, 8(4): 341 - 346.

[162] Suh H H, Moon S H, Kim H S, et al. Production and rheological properties of bioflocculant produced by Bacillus sp. DP - 152[J]. Journal of Microbiology and Biotechnology, 1998, 8(6): 618 - 624.

[163] Yoon S H, Song J K, Go S J, et al. Production of biopolymer flocculant by Bacillus subtilis TB11[J]. Journal of Microbiology and Biotechnology, 1998, 8(6): 606 - 612.

[164] Shimofuruya H, Koide A, Shirota K, et al. The production of flocculating substance(s) by Streptomyces griseus[J]. Bioscience Biotechnology and Biochemistry, 1996, 60(3): 498 - 500.

[165] Shih I L, Van Y T, Yeh L C, et al. Production of a biopolymer flocculant from Bacillus licheniformis and its flocculation properties[J]. Bioresource Technology, 2001, 78(3): 267 - 272.

[166] Lu W Y, Zhang T, Zhang D Y, et al. A novel bioflocculant produced by Enterobacter aerogenes and its use in defecating the trona suspension[J]. Biochemical Engineering Journal, 2005, 27(1): 1 - 7.

[167] Taniguchi M, Kato K, Shimauchi A, et al. Physicochemical properties of cross-linked poly-gamma-glutamic acid and its flocculating activity against kaolin suspension[J]. Journal of Bioscience and Bioengineering, 2005, 99(2): 130 -135.

[168] Suh H H, Moon S H, Seo W T, et al. Physico-chemical and rheological properties of a bioflocculant BF - 56 from Bacillus sp A56[J]. Journal of Microbiology and Biotechnology, 2002, 12(2): 209 - 216.

[169] Mercz T I, Cordruwisch R. Treatment of wool scouring effluent using anaerobic biological and chemical flocculation[J]. Water Research, 1997, 31(1): 170 - 178.

[170] Varshovi A, Sartain J B. Chemical characteristics and microbial degradation of humate[J]. Communications in Soil Science and Plant Analysis, 1993, 24(17 - 18): 2493 - 2505.

[171] Verduzco-luque C E, Alp B, Stephens G M, et al. Construction of biofilms with defined internal architecture using dielectrophoresis and flocculation[J]. Biotechnology and Bioengineering, 2003, 83(1): 39 - 44.

[172] Kobayashi T, Takiguchi Y, Yazawa Y, et al. Structural analysis of an extracellular polysaccharide bioflocculant of Klebsiella pneumoniae [J]. Bioscience Biotechnology and Biochemistry, 2002, 66(7): 1524 - 1530.

[173] Wu J Y, Ye H F. Characterization and flocculating properties of an extracellular biopolymer produced from a Bacillus subtilis DYU1 isolate[J]. Process Biochemistry, 2007, 42(7): 1114 - 1123.

[174] Yim J H, Kim S J, Ahn S H, et al. Characterization of a novel bioflocculant, p-KG03, from a marine dinoflagellate, Gyrodinium impudicum KG03 [J]. Bioresource Technology, 2007, 98(2): 361 - 367.

[175] Kim L S, Hong S J, Son M K, et al. Polymeric and compositional properties of novel extracellular microbial polyglucosamine biopolymer from new strain of Citrobacter sp BL - 4[J]. Biotechnology Letters, 2006, 28(4): 241 - 245.

[176] Prasertsan P, Dermlim W, Doelle H, et al. Screening, characterization and flocculating property of carbohydrate polymer from newly isolated Enterobacter cloacae WD7[J]. Carbohydrate Polymers, 2006, 66(3): 289 - 297.

[177] Ganesh K C, Joo H S, Choi J W, et al. Purification and characterization of an

extracellular polysaccharide from haloalkalophilic Bacillus sp I-450[J]. Enzyme and Microbial Technology, 2004, 34(7): 673-681.

[178] He N, Li Y, Chen J. Production of a novel polygalacturonic acid bioflocculant REA-11 by Corynebacterium glutamicum[J]. Bioresource Technology, 2004, 94(1): 99-105.

[179] Gong X Y, Luan Z K, Pei Y S, et al. Culture conditions for flocculant production by Paenibacillus polymyxa BY-28[J]. Journal of Environmental Science and Health Part a-Toxic/Hazardous Substances & Environmental Engineering, 2003, 38(4): 657-669.

[180] Zhang J, Liu Z, Wang S, et al. Characterization of a bioflocculant produced by the marine myxobacterium Nannocystis sp NU-2[J]. Applied Microbiology and Biotechnology, 2002, 59(4-5): 517-522.

[181] Oh H M, Lee S J, Park M H, et al. Harvesting of Chlorella vulgaris using a bioflocculant from Paenibacillus sp AM49[J]. Biotechnology Letters, 2001, 23(15): 1229-1234.

[182] Ahmad N, Muhammadi. Characterization of exopolysaccharide produced by Bacillus strain CMG1447[J]. Journal of the Chemical Society of Pakistan, 2007, 29(4): 346-351.

[183] Fujita M, Ike M, Tachibana S, et al. Characterization of a bioflocculant produced by Citrobacter sp TKF04 from acetic and propionic acids[J]. Journal of Bioscience and Bioengineering, 2000, 89(1): 40-46.

[184] Kim G Y, Ha M G, Lee T H, et al. Chemosystematics and molecular phylogeny of a new bioflocculant-producing Aspergillus strain isolated from Korean soil[J]. Journal of Microbiology and Biotechnology, 1999, 9(6): 870-872.

[185] Yokoi H, Yoshida T, Hirose J, et al. Biopolymer flocculant produced by an Pseudomonas sp[J]. Biotechnology Techniques, 1998, 12(7): 511-514.

[186] Suh H H, Kwon G S, Lee C H, et al. Characterization of bioflocculant

produced by Bacillus sp. DP - 152 [J]. Journal of Fermentation and Bioengineering, 1997, 84(2): 108 - 112.

[187] Yokoi H, Yoshida T, Mori S, et al. Biopolymer flocculant produced by an Enterobacter sp[J]. Biotechnology Letters, 1997, 19(6): 569 - 573.

[188] Kwon G S, Moon S H, Hong S D, et al. A novel flocculant biopolymer produced by Pestalotiopsis sp KCTC 8637P[J]. Biotechnology Letters, 1996, 18(12): 1459 - 1464.

[189] Nam J S, Kwon G S, Lee S O, et al. Bioflocculant produced by Aspergillus sp JS - 42 [J]. Bioscience Biotechnology and Biochemistry, 1996, 60 (2): 325 -327.

[190] Yokoi H, Natsuda O, Hirose J, et al. Characteristics of a biopolymer flocculant produced by Bacillus sp. PY - 90 [J]. Journal of Fermentation and Bioengineering, 1995, 79(4): 378 - 380.

[191] Friedman B A, Dugan P R. Concentration and accumulation of metallic ions by the bacterium Zoogloea[J]. Development in Industrial Microbiology, 1968, 9: 381 - 388.

[192] Crabtree K, Mccoy E, Boyle W C, et al. Isolation, Identification, and Metabolic Role of the Sudanophilic Granules of Zoogloea ramigera[J]. Applied Microbiology, 1965, 13(2): 218 - 226.

[193] 刘志勇,张东晨. 煤泥水微生物絮凝剂絮凝机理的研究[J]. 广州化工, 2007, 35(6): 29 - 30.

[194] 张昕,郑广宏,乔俊莲,等. 微生物絮凝剂的絮凝机理初探[J]. 江苏环境科技, 2007, 20(A02): 104 - 107.

[195] 常玉广,马放,郭静波,等. 絮凝基因的克隆及其絮凝机理分析[J]. 环境科学, 2007, 28(12): 2849 - 2855.

[196] 郑毅,丁曰堂,李峰,等. 国内外混凝机理研究及混凝剂的开发现状[J]. 中国给水排水, 2007, 23(10): 14 - 17.

[197] 盛艳玲,张强,王化军. 微生物絮凝剂絮凝机理的初步研究[J]. 矿产综合利用,

2007(2): 16 - 19.

[198] 潘响亮,王建龙,张道勇,等. 硫酸盐还原菌混合菌群胞外聚合物对 Zn^{2+} 的吸附和机理[J]. 环境科学研究, 2005, 18(6): 53 - 55.

[199] 蔡春光,刘军深,蔡伟民. 胞外多聚物在好氧颗粒化中的作用机理[J]. 中国环境科学, 2004, 24(5): 623 - 626.

[200] 张通,秦培勇. 微生物絮凝剂及其絮凝机理的研究概况[J]. 生物技术, 2001, 11(3): 37 - 41.

[201] Chaplin M F, Kennedy J F. Carbohydrate Analysis (2nd edition)[M]. New York: Oxford University Press, 1994.

[202] Bradford M M. A rapid and sensitive method for the quantitation of microgram quantities of protein utilizing the principle of protein-dye binding[J]. Analytical Biochemistry, 1976, 72: 248 - 254.

[203] http://www. pwt. com. cn/view. asp?num=288.

[204] http://stocks-reports. blog. hexun. com/20609136_d. html.

[205] 张志强,林波. 利用啤酒废水所产微生物絮凝剂处理靛蓝印染废水的研究[J]. 环境污染与防治, 2006, 28(2): 149 - 151.

[206] Kiran S, Akar T, S O A, et al. Biosorption kinetics and isotherm studies of Acid Red 57 by dried Cephalosporium aphidicola cells from aqueous solutions [J]. Biochemical Engineering Journal, 2006, 31: 197 - 203.

[207] Vijavaraghavan K, Yun Y S. Reactive Black 5 from aqueous solution using acid-treated biomass of brown seaweed Laminaria sp. [J]. Dyes and Pigments, 2008, 76: 726 - 732.

[208] Ncibi M C, Mahjouba B, Seffen M. Kinetic and equilibrium studies of methylene blue biosorption by Posidonia oceanica (L.) fibres[J]. Journal of Hazardous Materials B, 2007, 139(2): 280 - 285.

[209] Mahony T O, Guibal E, Tobin J M. Reactive dye biosorption by Rhizopus arrhizus biomass[J]. Enzyme and Microbial Technology, 2002, 31: 456 - 463.

[210] Ozcan A S, Ozcan A. Adsorption of acid dyes from aqueous solutions onto acid-

activated bentonite[J]. Journal of Colloid and Interface Science, 2004, 276: 39 - 46.

[211] Robinson T, Chandran B, Nigam P. Removal of dyes from a synthetic textile dye effluent by biosorption on apple pomace and wheat straw[J]. Water Research, 2002, 36: 2824 - 2830.

[212] Gong R, Ding Y, Li M, et al. Utilization of powdered peanut hull as biosorbent for removal of anionic dyes from aqueous solution[J]. Dyes and Pigments, 2005, 64: 187 - 192.

[213] Tarley C R T, Arruda M A Z. Biosorption of heavy metals using rice milling by-products: Characterisation and application for removal of metals from aqueous effluents[J]. Chemosphere, 2004, 54: 987 - 995.

[214] Robinson T, Mcmullan G, Marchant R, et al. Remediation of dyes in textile effluent: a critical review on current treatment technologies with a proposed alternative[J]. Bioresource Technology, 2001, 77: 247 - 255.

[215] Volesky B, Schiewer S. Biosorption of metals[M]. Encyclopedia of bioprocess technology. New York: Wiley, 1999, 433 - 453.

[216] Namasivayam C, Muniasamy N, Gayatri K, et al. Removal of dyes from aqueous solutions by cellulosic waste orange peel[J]. Bioresource Technology, 2005, 57: 37 - 43.

[217] Mckay G, Porter J F, Prasad G R. The removal of dye colours from aqueous solutions by sorption on low-cost materials[J]. Water, Air, and Soil Pollution, 1999, 114: 423 - 438.

[218] Inbaraj B S, Sulochana N. Basic dye sorption on a low cost carbonaceous sorbent: kinetic and equilibrium studies[J]. Indian Journal of Chemical Technology, 2002, 9: 201 - 208.

[219] Hu T L. Removal of reactive dyes from aqueous solution by different bacterial genera[J]. Water Science and Technology, 1996, 34: 89 - 95.

[220] O'mahony, T; Guibal, E; Tobin J M. Reactive dye biosorption by Rhizopus

arrhizus biomass[J]. Enzyme and Microbial Technology, 2002, 31: 456 - 463.

[221] Aksu Z, Tezer S. Biosorption of reactive dyes on the green alga Chlorella vulgaris[J]. Process Biochemistry, 2005, 40: 1347 - 1361.

[222] Jang A, Kin S M, Kim S Y, et al. Effect of heavy metals (Cu, Pb and Ni) on the compositions of EPS in biofilms[J]. Water Science and Technology, 2001, 43: 41 - 48.

[223] Guibaud G, Comte S, Bordas F, et al. Comparison of the complexation potential of extracellular polymeric substances (EPS), extracted from activated sludges and produced by pure bacteria strains, for cadmium, lead and nickel[J]. Chemosphere, 2005, 59: 629 - 638.

[224] Wang X J, Zhao J F, Xia S Q, et al. Sorption mechanism of phenolic compounds from aqueous solution on hypercrosslinked polymeric adsorbent[J]. Journal of Environmental Sciences, 2004, 16(6): 919 - 924.

[225] Knetting E, Zajic J E. Flocculant production from kerosene[J]. Biotechnology and Bioengineering, 1972, 14(3): 379 - 390.

[226] Kwan R C, Leung H F, Hon P Y, et al. A screen-printed biosensor using pyruvate oxidase for rapid determination of phosphate in synthetic wastewater [J]. Applied Microbiology and Biotechnology, 2005, 66(4): 377 - 383.

[227] Gavalas V G, Chaniotakis N A. Phosphate biosensor based on polyelectrolyte-stabilized pyruvate oxidase[J]. Analytica Chimica Acta, 2001, 427(2): 271 - 277.

[228] Huwel S, Haalck L, Conrath N, et al. Maltose phosphorylase from Lactobacillus brevis: Purification, characterization, and application in a biosensor for ortho-phosphate[J]. Enzyme and Microbial Technology, 1997, 21(6): 413 - 420.

[229] Nakamura H, Tanaka H, Hasegawa M, et al. An automatic flow-injection analysis system for determining phosphate ion in river water using pyruvate oxidase G (from Aerococcus viridans)[J]. Talanta, 1999, 50(4): 799 - 807.

[230] Mousty C, Cosnier S, Shan D, et al. Trienzymatic biosensor for the determination of inorganic phosphate[J]. Analytica Chimica Acta, 2001, 443(1): 1-8.

[231] Wollenberger U, Schubert F, Scheller F W. BIOSENSOR FOR SENSITIVE PHOSPHATE DETECTION[J]. Sensors and Actuators B-Chemical, 1992, 7(1-3): 412-415.

[232] Ikebukuro K, Nishida R, Yamamoto H, et al. A novel biosensor system for the determination of phosphate[J]. Journal of Biotechnology, 1996, 48(1-2): 67-72.

[233] Engblom S O. The phosphate sensor[J]. Biosensors & Bioelectronics, 1998, 13(9): 981-994.

[234] Rahman M A, Park D S, Chang S C, et al. The biosensor based on the pyruvate oxidase modified conducting polymer for phosphate ions determinations [J]. Biosensors & Bioelectronics, 2006, 21(7): 1116-1124.

[235] Wang X J, Dzyadevych S V, Chovelon J M, et al. Development of a conductometric nitrate biosensor based on Methyl viologen/Nafion (R) composite film[J]. Electrochemistry Communications, 2006, 8(2): 201-205.

[236] Wang X J, Dzyadevych S V, Chovelon J M, et al. Conductometric nitrate biosensor based on methyl viologen/Nafion (R)/nitrate reductase interdigitated electrodes[J]. Talanta, 2006, 69(2): 450-455.

[237] Marrakchi M, Dzyadevych S V, Namour P, et al. A novel proteinase K biosensor based on interdigitated conductometric electrodes for proteins determination in rivers and sewers water[J]. Sensors and Actuators B-Chemical, 2005, 111: 390-395.

[238] Anh T M, Dzyadevych S V, Van M C, et al. Conductometric tyrosinase biosensor for the detection of diuron, atrazine and its main metabolites[J]. Talanta, 2004, 63(2): 365-370.

[239] Dzyadevych S V, Arkhypova V N, Korpan Y I, et al. Conductometric

formaldehyde sensitive biosensor with specifically adapted analytical characteristics[J]. Analytica Chimica Acta, 2001, 445(1): 47 - 55.

[240] Giovannoni G, Land J M, Keir G, et al. Adaptation of the nitrate reductase and Griess reaction methods for the measurement of serum nitrate plus nitrite levels [J]. Annals of Clinical Biochemistry, 1997, 34: 193 - 198.

[241] http://zh. wikipedia. org/wiki/% E6% B0% AE% E5% BE% AA% E7% 8E%AF.

[242] Galloway J, Cowling E, Oenema O, et al. Optimizing nitrogen management in food and energy production, and environment change — Reponse[J]. Ambio, 2002, 31(6): 497 - 498.

[243] Moorcroft M J, Davis J, Compton R G. Detection and determination of nitrate and nitrite: a review[J]. Talanta, 2001, 54(5): 785 - 803.

[244] Monaghan J M, Cook K, Gara D, et al. Determination of nitrite and nitrate in human serum[J]. Journal of Chromatography A, 1997, 770(1 - 2): 143 - 149.

[245] Astier Y, Canters G W, Davis J J, et al. Sensing nitrite through a pseudoazurin-nitrite reductase electron transfer relay [J]. Chemphyschem, 2005, 6(6): 1114 - 1120.

[246] Tian Y, Wang J X, Wang Z, et al. Solid-phase extraction and amperometric determination of nitrite with polypyrrole nanowire modified electrodes [J]. Sensors and Actuators B - Chemical, 2005, 104(1): 23 - 28.

[247] Da S S, Cosnier S, Almeida M G, et al. An efficient poly(pyrrole-viologen)-nitrite reductase biosensor for the mediated detection of nitrite [J]. Electrochemistry Communications, 2004, 6(4): 404 - 408.

[248] Wen Z H, Kang T F. Determination of nitrite using sensors based on nickel phthalocyanine polymer modified electrodes [J]. Talanta, 2004, 62 (2): 351 - 355.

[249] Almeida M G, Silveira C M, Moura J J. Biosensing nitrite using the system nitrite redutase/Nafion/methyl viologen — A voltammetric study[J].

Biosensors & Bioelectronics，2007，22(11)：2485 - 2492.

[250] Connolly D，Paull B. Rapid determination of nitrate and nitrite in drinking water samples using ion-interaction liquid chromatography [J]. Analytica Chimica Acta，2001，441(1)：53 - 62.

[251] Stratford M R. Measurement of nitrite and nitrate by high-performance ion chromatography[J]. Nitric Oxide，Pt C，1999，301：259 - 269.

[252] Almeida G，Tavares P，Lampreia J，et al. Developmen of an electrochemical biosensor for nitrite determination[J]. Journal of Inorganic Biochemistry，2001，86(1)：121 - 121.

[253] Scharf M，Moreno C，Costa C，et al. electrochemical studies on nitrite reductase towards a biosensor [J]. Biochemical and Biophysical Research Communications，1995，209(3)：1018 - 1025.

[254] Wu Q，Storrier G D，Pariente F，et al. A nitrite biosensor based on a maltose binding protein nitrite reductase fusion immobilized on an electropolymerized film of a pyrrole derived bipyridinium[J]. Analytical Chemistry，1997，69(23)：4856 - 4863.

[255] Strehlitz B，Grundig B，Schumacher W，et al. A nitrite sensor based on a highly sensitive nitrite reductase mediator-coupled amperometric detection[J]. Analytical Chemistry，1996，68(5)：807 - 816.

[256] Chen H，Mousty C，Cosnier S，et al. Highly sensitive nitrite biosensor based on the electrical wiring of nitrite reductase by [ZnCr - AQS] LDH[J]. Electrochemistry Communications，2007，9(9)：2240 - 2245.

[257] Almeida M G，Macieira S，Goncalves L L，et al. The isolation and characterization of cytochrome c nitrite reductase subunits (NrfA and NrfH) from Desulfovibrio desulfuricans ATCC 27774 — Re-evaluation of the spectroscopic data and redox properties[J]. European Journal of Biochemistry，2003，270(19)：3904 - 3915.

[258] Brunetti B，Ugo P，Moretto L M，et al. Electrochemistry of phenothiazine and

methylviologen biosensor electron-transfer mediators at nanoelectrode ensembles [J]. Journal of Electroanalytical Chemistry, 2000, 491(1-2): 166-174.

[259] Ferreyra N F, Dassie S A, Solis V M. Electroreduction of methyl viologen in the presence of nitrite. Its influence on enzymatic electrodes[J]. Journal of Electroanalytical Chemistry, 2000, 486(2): 126-132.

[260] Mauritz K A, Moore R B. State of understanding of Nafion[J]. Chemical Reviews, 2004, 104(10): 4535-4585.

[261] Breton F, Euzet P, Piletsky S A, et al. Integration of photosynthetic biosensor with molecularly imprinted polymer-based solid phase extraction cartridge[J]. Analytica Chimica Acta, 2006, 569(1-2): 50-57.

[262] Matsumoto T, Ohashi A, Ito N, et al. A long-term lifetime amperometric glucose sensor with a perfluorocarbon polymer coating[J]. Biosensors & Bioelectronics, 2001, 16(4-5): 271-276.

[263] Park J K, Tran P H, Chao J K, et al. In vivo nitric oxide sensor using non-conducting polymer-modified carbon fiber[J]. Biosensors & Bioelectronics, 1998, 13(11): 1187-1195.

[264] Xu J J, Yu Z H, Chen H Y. Glucose biosensors prepared by electropolymerization of p-chlorophenylamine with and without Nafion[J]. Analytica Chimica Acta, 2002, 463(2): 239-247.

[265] 周群英,高廷耀. 环境工程微生物学[M]. 北京:高等教育出版社,2000.

[266] Mcdonald D W, Coddington A. Properties of the assimilatory nitrate reductase from Aspergillus nidulans[J]. European Journal of Biochemistry, 1974, 46(1): 169-178.

附录 A　试验中用到的培养基

（1）肉汤蛋白胨培养基：牛肉膏 3 g/L，蛋白胨 10 g/L，NaCl 5 g/L，琼脂 15～20 g/L，pH=7.0～7.2，1.05 kg/cm^2 高压蒸气灭菌 20 min。

（2）查氏培养基：$NaNO_3$ 2 g/L，$MgSO_4$ 0.5 g/L，K_2HPO_4 1 g/L，$FeSO_4$ 0.01 g/L，KCl 0.5 g/L，蔗糖 30 g/L，琼脂 15～20 g/L，pH 自然，0.7 kg/cm^2 高压蒸气灭菌 20 min。

（3）马铃薯培养基：马铃薯 200 g/L，蔗糖 20 g/L，琼脂 15～20 g/L，pH 自然，1.05 kg/cm^2 高压蒸气灭菌 20 min。

（4）高氏 1 号培养基：可溶性淀粉 20 g/L，$FeSO_4$ 0.5 g/L，KNO_3 1 g/L，NaCl 0.5 g/L，K_2HPO_4 0.5 g/L，$MgSO_4$ 0.5 g/L，琼脂 20 g/L，pH=7.0～7.2，1.05 kg/cm^2 高压蒸气灭菌 20 min。

（5）无机盐培养基(MS)：K_2HPO_4 1.73 g/L，KH_2PO_4 0.68 g/L，NH_4NO_3 1.0 g/L，$MgSO_4 \cdot 7H_2O$ 0.1 g/L，$CaCl_2 \cdot 2H_2O$ 0.02 g/L，$MnSO_4 \cdot H_2O$ 0.03 g/L，$FeSO_4 \cdot 7H_2O$ 0.03 g/L，琼脂 15～20 g/L，pH=7.4(用 NH_4OH 调节)，0.7 kg/cm^2 高压蒸气灭菌 20 min。

（6）通用发酵培养基：葡萄糖 20 g/L，酵母膏 0.5 g/L，尿素 0.5 g/L，$(NH_4)_2SO_4$ 0.2 g/L，$MgSO_4 \cdot 7H_2O$ 0.2 g/L，NaCl 0.1 g/L，KH_2PO_4 2 g/L，K_2HPO_4 5 g/L，pH=7.0，0.7 kg/cm^2 高压蒸气灭菌 30 min。

(7) 优化培养基：葡萄糖 10 g/L，蛋白胨 1 g/L，$MgSO_4$ 0.3 g/L，KH_2PO_4 2 g/L，K_2HPO_4 5 g/L，pH＝7.0，0.7 kg/cm^2 高压蒸气灭菌 30 min。

(8) 蛋白胨水培养基：蛋白胨 10 g/L，NaCl 5 g/L，pH＝7.6，1.05 kg/cm^2 高压蒸气灭菌 20 min。

(9) 葡萄糖蛋白胨培养基：葡萄糖 5 g/L，蛋白胨 5 g/L，K_2HPO_4 5 g/L，pH＝7.0～7.2，0.7 kg/cm^2 高压蒸气灭菌 20 min。

(10) 糖发酵实验培养基：牛肉膏 5 g/L，蛋白胨 10 g/L，葡萄糖 5 g/L，NaCl 3 g/L，$Na_2HPO_4 \cdot 12H_2O$ 2 g/L，0.2% (w/v)溴麝香草酚蓝溶液 12 g/L，pH＝7.4，0.7 kg/cm^2 高压蒸气灭菌 20 min。

(11) 乳糖蛋白胨培养液：乳糖 5 g/L，蛋白胨 5 g/L，K_2HPO_4 5 g/L，pH＝7.0～7.2，0.7 kg/cm^2 高压蒸气灭菌 20 min。

(12) 苯丙氨酸琼脂培养基：酵母膏 3 g/L，DL-苯丙氨酸 2 g/L，$Na_2HPO_4 \cdot 12H_2O$ 2 g/L，NaCl 5 g/L，琼脂 12 g/L，pH 自然，1.05 kg/cm^2 高压蒸气灭菌 20 min。

附录 B　菌种生理生化特征试验

1. 革兰氏染色

革兰氏染色是细菌学中极为重要的鉴别方法。细菌细胞壁结构的差异会导致细胞对结晶紫-碘复合物的渗透性不同，产生革兰氏反应，呈现出阴性或阳性。因此，通过革兰氏染色可以将细菌鉴别为革兰氏阳性菌（G^+）和革兰氏阴性菌（G^-）两大类。若菌体被结晶紫初染时，染上的紫色不被酒精脱色者为 G^+ 菌；若被酒精脱色，而复染上红色者为 G^- 菌。革兰氏染色的操作步骤如下。

（1）初染：将玻片置于玻片搁架上，加草酸铵结晶紫染色液（加量以盖满菌膜为度），染色 1～2 min。倾去染色液，用自来水小心地冲洗。

（2）媒染：滴加路哥尔碘液，染 1～2 min，水洗。

（3）脱色：滴加 95%乙醇，将玻片稍摇晃几下即倾去乙醇，重复 2～3 次，立即水洗，以终止脱色。

（4）复染：滴加沙黄液，染色 2～3 min，水洗。最后用吸水纸轻轻吸干。

将染色后的微生物放于油镜下观察，记录结果，阳性用"＋"、阴性用"－"表示。

2. 吲哚试验

有些细菌含有色氨酸酶，能分解蛋白胨中的色氨酸生成吲哚（靛基质)。吲哚本身没有颜色,不能直接看见,但当加入对二甲基氨基苯甲醛试剂时,该试剂与吲哚作用,形成红色的玫瑰吲哚。吲哚试验的操作步骤如下:

(1) 试管标记:取数支装有蛋白胨水培养基的试管,分别标记上高效菌的编号和空白对照。

(2) 接种培养:以无菌操作分别接种少量高效菌的菌苔到以上相应试管中,并以不接种的作空白对照,置37℃恒温箱中培养24～48 h。

(3) 观察记录:在培养液中加入乙醚1～2 mL,经充分振荡使吲哚萃取至乙醚中,静置片刻后乙醚层浮于培养液的上面,此时沿管壁缓慢加入5～10滴吲哚试剂(加入吲哚试剂后切勿摇动试管,以防破坏乙醚层影响结果观察),如有吲哚存在,乙醚层呈现玫瑰红色,此为吲哚试验阳性反应,否则为阴性反应,阳性用"+"、阴性用"—"表示。

3. 甲基红试验(M.R.试验)

甲基红试验是为了测定细菌发酵葡萄糖产酸的能力。某些细菌在糖代谢过程中分解葡萄糖,产生丙酮酸,而丙酮酸进一步被分解为甲酸、乙酸和乳酸等,使培养基的pH值下降到4.2或更低。用甲基红做指示剂(指示剂范围:pH值4.2～6.3,红色—黄色),若培养液由原来的橘黄色转为红色,则为甲基红试验阳性。试验步聚如下。

(1) 将培养18～24 h的待测菌株接种于葡萄糖蛋白胨培养基中,同时接种2支。30℃下恒温培养2～6 d。

(2) 结果观察。在培养液中加入1～2滴甲基红试剂,如呈红色为阳性反应,黄色为阴性反应。

4. 乙酰甲基甲醇试验(V-P试验)

某些细菌在葡萄糖蛋白胨水培养液中能分解葡萄糖产生丙酮酸,丙酮酸缩合,脱羧成乙酰甲基甲醇,后者在强碱环境下,被空气中的氧气氧化为二乙酰,二乙酰与蛋白胨中的胍基生成红色化合物,称V-P(+)反应。试验步骤如下。

(1) 标记试管：取数支装有葡萄糖蛋白胨培养基的试管，分别标记上高效菌的编号和空白对照。

(2) 接种培养：以无菌操作分别接种少量菌苔至以上相应试管中，空白对照管不接菌，置 37℃恒温箱中，培养 24～48 h。

(3) 观察记录：取出以上试管，振荡 2 min。另取数支空试管相应标记菌名，分别加入 3～5 mL 以上对应管中的培养液，再加入 40%的 NaOH 溶液 10～20 滴，并用牙签挑入约 0.5～1.0 mg 微量肌酸，振荡试管，以使空气中的氧溶入，置 37℃恒温箱中保温 15～30 min 后，若培养液呈红色，记录为 V-P 试验阳性反应(用"＋"表示)；若不呈红色，记录为 V-P 试验阴性反应(用"－"表示)。

5. 糖发酵试验

糖发酵试验在细菌分类鉴定中是一项重要指标。细菌具有各种酶系统，绝大多数都能利用糖类(或醇)作为碳源和能源，在厌氧条件下产生各种有机酸(乳酸、醋酸、丙酸等)和气体(甲烷、二氧化碳、氢等)，或只产生酸而不产生气体。由于微生物的糖化酶系统不同，所以同一种微生物对不同的糖，或不同的微生物对同一种糖的分解能力也不同。酸和气体的产生与否，以由培养后试管中指示剂的颜色变化和发酵管内气泡的有无来判断。指示剂一般采用溴甲酚紫(pH 值为 6.8～5.2 时，由紫变黄)或溴麝草香酚蓝(pH 值为 7.6～6.0 时，由蓝变黄)，发酵管为杜氏小管(Durhan tube)。用来发酵的糖、醇和糖苷的种类很多，如葡萄糖、果糖、乳糖、蔗糖、淀粉、乙醇、甘油和水杨苷等，本试验选用了葡萄糖。试验操作步骤如下。

(1) 接种供试菌于培养液中，在 30℃下恒温培养 48～72 h，另以不接种者为对照。

(2) 结果观察。经培养后，如产酸则培养液 pH 值下降，指示剂变黄，若产气则在杜氏小管顶端出现气泡。而指示剂仍为紫色，说明培养基为中

性或碱性。

6. 乳糖发酵试验

以无菌操作术向各乳糖蛋白胨培养基发酵管(瓶)内注入一定量水样,混匀后置37℃温箱培养24 h。产酸产气者为阳性。阴性者继续培养24±3 h再行检查。混浊而无气泡者,轻摇试管,注意观察有无小气泡上浮。有小气泡不断上浮,表示发酵正活跃,否则判为阴性。

7. 苯基丙氨酸试验

有些细菌有苯丙氨酸脱氨酶,可使培养基中的苯丙氨酸脱氨,形成苯丙酮酸,后者与三氯化铁作用,形成绿色化合物。试验步骤如下。

(1) 将高效菌株接种苯丙氨酸琼脂培养基,在37℃下培养6~8 h。

(2) 加入几滴10%的三氯化铁,培养基呈现绿色为阳性,否则为阴性。

8. 硫化氢试验

有些细菌能分解蛋白质中的含硫氨基酸,生成硫化氢,硫化氢与培养基中的铁盐或铅盐结合生成黑色络合物。试验步骤如下。

(1) 以无菌操作将高效菌穿刺种至含有硫酸亚铁的蛋白胨培养基中,在37℃下培养24~48 h。

(2) 若产生硫化氢,则出现黑色的硫化铁,为阳性反应,否则为阴性反应。

附录C　TJ－1的16S rDNA测序结果

1 attgacgctg gcggcaggcc taacacatgc aagtcgagcg gtaacaggag aaagcttgct

61 ttcttgctga cgagcggcgg acgggtgagt aatgtatggg gatctgcccg atagaggggg

121 ataactactg gaaacggtgg ctaataccgc ataatgtcta cggaccaaag caggggctct

181 tcggaccttg cactatcgga tgaacccata tgggattagc tagtaggtgg ggtaaaggct

241 cacctaggcg acgatctcta gctggtctga gaggatgatc agccacactg ggactgagac

301 acggcccaga ctcctacggg aggcagcagt ggggaatatt gcacaatggg cgcaagcctg

361 atgcagccat gccgcgtgta tgaagaaggc cttagggttg taaagtactt tcagcgggga

421 ggaaggtgat aaggttaata cccttatcaa ttgacgttac ccgcagaaga agcaccggct

481 aactccgtgc cagcagccgc ggtaatacgg agggtgcaag cgttaatcgg aattactggg

541 cgtaaagcgc acgcaggcgg tcaattaagt cagatgtgaa agccccgagc ttaacttggg

601 aattgcatct gaaactggtt ggctagagtc ttgtagaggg gggtagaatt ccatgtgtag

661 cggtgaaatg cgtagagatg tggaggaata ccggtggcga aggcggcccc ctggacaaag

721 actgacgctc aggtgcgaaa gcgtggggag caaacaggat tagataccct ggtagtccac

781 gctgtaaacg atgtcgattt agaggttgtg gtcttgaacc gtggcttctg gagctaacgc

841 gttaaatcga ccgcctgggg agtacggccg caaggttaaa actcaaatga attgacgggg

901 gcccgcacaa gcggtggagc atgtggttta attcgatgca acgcgaagaa ccttacctac

961 tcttgacatc cagcgaatcc tttagagata gaggagtgcc ttcgggaacg ctgagacagg

1021 tgctgcatgg ctgtcgtcag ctcgtgttgt gaaatgttgg gttaagtccc gcaacgagcg
1081 caacccttat cctttgttgc cagcacgtra tggtgggaac tcaaaggaga ctgccggtga
1141 taaaccggag gaaggtgggg atgacgtcaa gtcatcatgg cccttacgag tagggctaca
1201 cacgtgctac aatggcagat acaaagagaa gcgacctcgc gagagcaagc ggaactcata
1261 aagtctgtcg tagtccggat tggagtctgc aactcgactc catgaagtcg gaatcgctag
1321 taatcgtaga tcagaatgct acggtgaata cgttcccggg ccttgtacac accgcccgtc
1381 acaccatggg agtgggttgc aaaagaagta ggtagcttaa ccttcgggag ggcgcttacc
1441 actttgtgat tcatgactgg gg

后 记

本书中的研究工作获得了中国国家留学基金委中法博士生学院项目、法国政府 Eiffel 博士奖学金和上海同济高廷耀环保科技发展基金会的支助，在此表示衷心的感谢！

本研究是在中方导师夏四清教授和法方导师 Didier leonard 教授的共同精心指导和亲切关怀下完成的，从研究的选题、到实验方案的建立、到实验工作的准备、到实验的阶段性进展、到论文的审阅、修改和定稿，无不渗透着两位导师的大量心血。

夏老师谦虚的学者风范、严谨的治学态度、忘我的工作作风和宽广的待人胸襟对我产生了深刻的影响，并将成为我享用一生的宝贵财富；他对环境工程领域的敏锐洞察力和丰富实践经验让我受益匪浅；他在思想品质上的言传身教，使我从中领悟到许多在书本上学不到的东西；他在生活上给予了我慈父般的关怀。对夏老师的感激之情无法用言语来表达，唯有以不懈地努力来回报恩师！

Didier leonard 教授学识渊博，治学严谨，诲人不倦，不仅是我学习上良师，也是生活中的益友。他游历过诸多国家，精通 4 门语言，阅历丰富，视野开阔；工作勤奋而细致；为人风趣幽默；每当我遇到科研难题向他求助时，他总是会热情地同我一起讨论、分析，点拨我的思路，直至找到满意的解决方案;在我赴法留学期间,他还给予了许多生活上的帮助。在此,向Didier leonard 教授致以最诚挚的谢意!

王学江副教授和 Nicole Jaffrezic - Renault 博士在整个研究的实验设计、阶段性进展和论文撰写过程中给我提出许多建设性的意见,并为我到法国学习创造了良好的条件。在此,向两位老师表示最衷心的感谢!

感谢师弟杨阿明硕士,本书的第一部分有许多工作都是由我们共同完成的;在我赴法国学习后,他也帮助我处理了诸多国内生活和学习上的事务。感谢同济大学给排水专业 2008 届本科毕业生赵璐、凌逸、陆俊宇和田晓冬等 4 名同学,他们参加了本研究的部分实验工作,为本研究的完成付出了艰辛劳动。感谢他们一起为我营造了一个团结、愉快的学习和研究环境。曾经实验室里的欢声笑语犹绕耳畔,许多温馨的回忆毕生难忘!

感谢 3 年多来在科研和生活中给予了我关心和帮助的同济大学环境学院赵建夫课题组的老师们:赵建夫教授、陈玲教授、朱志良教授、李建华教授、张亚雷教授、仇雁玲副教授、王荣昌老师和黄清辉老师等!

感谢同济大学环境学院周琪院长、李忆书记、院党委及院办对我赴法学习的支持和提供的便利条件!同济大学污染控制与资源化国家重点实验室的袁园老师在实验分析测试工作上给予了我大量的支持和帮助,在此一并表示感谢!

感谢同济大学同门刘鸿波博士、郭冀峰博士和李俊英博士等!感谢课题组的刘长青博士、马红梅博士和张选军博士等!感谢他们对我学习上的帮助!

感谢法国里昂一大分析科学实验室的老师:François Bessueille 博士和 Florence Lagarde 博士等!同学:Iryna Benilova 博士,Céline Brunon 博士,Cotte Stephen 博士,Walid Hassen 博士和 Basma Khadro 博士等!感谢他们对我在法国学习期间提供的各种帮助!

多年来,我的父母、妹妹和女友张姣在生活和精神上给予了我莫大的关心、理解和支持，一直无私地为我奉献。我工作中的点点进步与成绩都凝结着他们的期望与心血。他们的默默贡献是本研究完成的坚强后盾。在此，谨向他们表示最崇高的敬意！

张志强